미래의 눈으로 다시 읽는
과학
신문
1
생물 · 지구과학

미래의 눈으로 다시 읽는

과학신문

2006년 12월 10일 초판 1쇄 발행
2009년 4월 25일 초판 2쇄 발행

지은이 | 장수하늘소
펴낸이 | 김태화
펴낸곳 | 파라북스

주간 | 이성옥
기획 | 조은주, 홍효은
책임편집 | 전지영
마케팅 | 박경만
본문디자인 | 디자인 텔
본문일러스트 | 문성준
관리 | 이연숙

등록번호 | 제313-2004-000003호
등록일자 | 2004년 1월 7일
전화 | 02) 322-5353 팩스 | 02) 334-0748
주소 | 서울특별시 마포구 서교동 343-12
홈페이지 | www.parabooks.com

ISBN 89-91058-54-X (43400)

*값은 표지 뒷면에 있습니다.

미래의 눈으로 다시 읽는

과학 신문

1 생물 · 지구과학

장수하늘소 지음

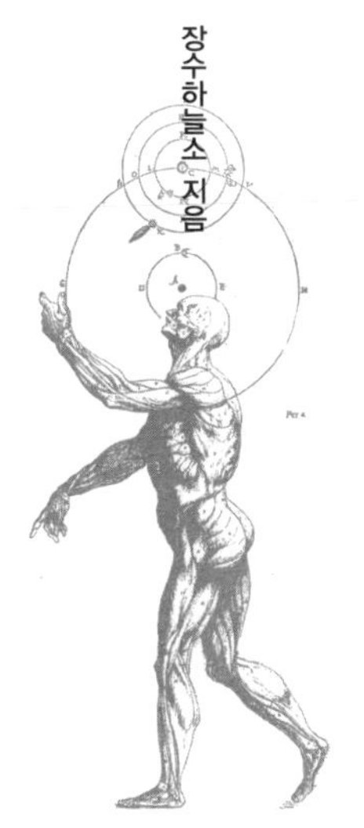

파라북스

일러두기

01 『과학신문』은 과학을 크게 네 분야로 나누어 2권으로 묶었습니다.
 · 1권 : 지구과학 · 생물(통권 27호)
 · 2권 : 물리 · 화학(통권 27호)

02 각 호의 주인공들은 발명 또는 발견을 통해 과학사에 큰 발자취를 남긴 사람들로 선정했습니다.

03 각 호는 〈메인기사〉, 〈인터뷰〉 혹은 〈특집기사〉, 〈타임머신 칼럼〉, 〈토막기사〉, 〈광고〉, 〈만화〉 등으로 구성되어 있습니다.

04 이 책에서 선택한 27편의 〈메인기사〉는 과학의 역사를 바꿀 만한 획기적인 사건들로 선택해, 당시 시점에서 기사화했습니다. 특히 기사화된 과학이론의 핵심내용을 쉽게 이해할 수 있노록 꾸몄습니다.

05 〈인터뷰〉 혹은 〈특집기사〉는 메인기사에 소개된 인물을 직접 인터뷰하거나 심층 취재하는 형식을 빌려 메인기사의 내용을 보다 심도 있게 다루었습니다.

06 〈타임머신 칼럼〉은 과학사에서 그 사건이 갖는 의미와 오늘을 사는 우리가 어떤 시각으로 바라봐야 하는지에 대한 각 분야 전문가들의 글로서, 현재 시점으로 작성한 것입니다. 이 책에서 특히 심혈을 기울여 마련한 코너이기도 한 〈타임머신 칼럼〉은 중 · 고생 여러분들의 논술 연습에 도움이 될 수 있도록 구성하였습니다.

07 〈토막기사〉, 〈광고〉, 〈만화〉는 당시 중요 사건들을 간추려 놓은 것으로, 메인기사 내용을 보충할 수 있는 것과 그 시대 상황을 알 수 있는 것을 고르게 섞어 모았습니다.

08 이 책의 모든 기사는 역사적 사실을 기반으로 작성한 것입니다. 실제로 정확한 기록이 남아 있지는 않지만 일반적으로 그렇게 받아들이고 있는 것은 사실로 가정해 기사화했습니다. 〈인터뷰〉와 〈광고〉의 경우 실제 사실을 기반으로 하되, 재미를 더하기 위해 일부 가공한 부분도 있습니다.

08 인명 · 지명 표기는 두산세계대백과에 따랐습니다.

10 책 제목에는 『』을, 논문이나 잡지는 「」을 사용해 구분되도록 하였습니다.

머리말

삶 속에 녹아 있는 과학, 신문에 담긴 세상 돌아가는 이야기

손을 뻗으면 어디서나 '과학'이 잡힐 것 같습니다. 과학은 학문으로, 문화로, 기술로, 사고의 방식으로서 여기저기 흩어져 있습니다. 현대는 분명 '과학의 시대' 입니다. 하지만 과학이 지금처럼 '과학적'이 된 것은 그리 오래된 일이 아닙니다. 오늘날 '과학'이란 이름이 가지는 이미지는 불과 300년 전에야 만들어졌습니다. 교육을 통해 지식을 쌓고, 실험을 하고, 논문을 쓰고, 결과를 학회에 발표하는, 당당한 하나의 직업으로서 인정받는 과학은 겨우 300년 전에야 생겨난 것입니다. 300년이란 시간은 과학의 전 역사를 통틀어 보면 그리 긴 시간이 아닙니다.

과거 어떤 때에는 미신이 과학이었고, 또 어떤 시기에는 신화가 과학을 합리화하기도 했습니다. 또 종교가 과학을 지배하는 시기가 있었고, 기술과 과학이 같은 이름으로 불리기도 했습니다. 연금술사와 점성술사가 과학자의 자리를 대신하던 때도 있었습니다. 하지만 그들은 당당히 하나의 직업인이 되지는 못했습니다. 성직자나 상인에게 기생해야 하는 처지였으니까요.

그렇게 과학은 많은 변신을 거듭했습니다. 겉모습만 그런 것이 아니라 '과학이란 무엇인가' 하는 본질 자체가 변해 왔습니다. 따라서 과학과 그 역사를 이해하는 과정은 역사적이고 문화적인 맥락 속에서 이루어져야 합니다. 애초부터 과학은 삶의 일부였으니까요. 우리는 현재의 관점으로 과학을 정의하고 지난 시기의 과학을 평가하기보다는, 각 시대의 맥락에서 과학이 어떻게 얘기되었는지를 이해해야 합니다.

과학의 역사란 '과학이라 불리는 모든 것의 역사'라고 할 수 있을 것입니다. 하지만 여기서는 자연과학, 그 중에서도 생물과 지구과학에 관련된 부분을 중심으로 인류의 삶을 들여다보게 될 것입니다. 신문의 제1면을 장식하는 기사의 성격을 그렇게 규정하고 집필했다는 것입니다. 그렇다 해도 1면 기사만 보고도 당시 사회 분위기를 어느 정도 유추할 수 있을 것입니다. 앞서 말했듯 과학은 언제나 삶의 일부로서 존재했기 때문이지요. 일례로 경제신문에 경제 기사만 나는 것은 아닙니다. 제1면에는 경제 기사가 나지만, 경제는 사회 여러 분야와 맞물려 움직이고, 사회는 경제의 흐름 속에서 변화합니다. 그래서 경제신문이라 할지라도 경제를 비롯한 사회 여러 모습을 담게 마련입니다. 과학도 다르지 않습니다. 과학의 흐름은 곧 사회, 경제적 변화와 맞물려 있습니다. 고대, 중세, 근대, 현대, 모든 시대의 과학이 그랬습니다. 물론 미래의 과학도 그럴 것입니다. 과학은 언제나 인류의 삶 속에 녹아 있습니다.

과학을 그 시대의 눈으로, 그 시대의 맥락에서 이해하고자 하는 뜻은 이 책이 신문의 형태로 쓰인 결정적인 이유입니다. 신문은 하루하루의 역사이고, 모든 것의 역사입니다. 그리고 그 속에 과학이 있습니다.

세상 돌아가는 이야기를 잘 알고 싶으신가요? 그렇다면 매일매일 신문을 읽으세요. 현대가 아무리 정보의 홍수 시대라 해도 세상 돌아가는 흐름을 읽어내는 데 신문만큼 좋은 교과서는 없을 것입니다. 물론 신문이 아니더라도 새로운 정보를 얻을 수 있는 방법은 많습니다. 인터넷 검색창에 원하는 검색어만 넣으면 최신 정보가 줄줄이 사탕처럼 이어져 나오는 시대니까요. 그래서 신문이 설 자리가 점점 좁아지고 있는 것도 사실입니다.

하지만 여전히 신문은 사라지지 않습니다. 세상 돌아가는 이야기를 한 눈에 볼 수 있기 때문입니다. 경제 전문가, 부동산 전문가, 정치가 등 특정 분야의 전문가일수록 더 많은 신문을 더 열심히 읽습니다. 왜일까요? 사회는 많은 것들이 맞물려 돌아가는 거대한 조직입니다. 신문은 그것들이 매일같이 어떻게 맞물려 돌아가는지를 보여줍니다. 과학은 정치와 다르지만, 별개의 것은 아닙니다. 과학을 비롯한 모든 것들은 극명하게 드러나지 않는 가운데서도 직 · 간접적으로 연관되어 있습니다. 우리는 그러한 사회적, 문화적인 맥락 속에서 과학사를 읽어야 합니다. 즉 과학도 세상 돌아가는 이야기 속에서 알아야 제대로 이해할 수 있다는 것이지요.

지난 과거의 역사를 잘 모른다고 해서 앞으로의 과학 발전이 이루어지지 않는 것을 아닐 것입니다. 그러나 과거의 과정을 앎으로써 얻는 교훈은 미래의 과학에 영향을 미칠 것입니다. 이 책을 읽는 내내 과학의 변신을 눈여겨보기 바랍니다. 그리고 과학과 과학자가 그 시대에 어떤 영향을 미쳤는지, 거꾸로 사회적 변화가 과학에 끼친 영향은 무엇인지, 또 그러한 영향들은 인류의 삶에 어떠한 변화를 가져왔을지 질문하고 답해 보기 바랍니다. 이를 통해 여러분들이 새로운 눈으로 과학사를 바라보고 새로운 발견을 이루어냈으면 하는 바람입니다.

2006년 11월

장수하늘소

차 례

The Science History News

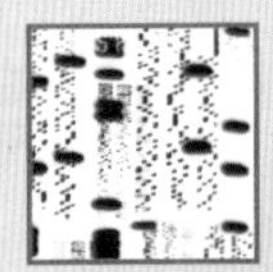

1년을 365일로 정한 이집트력

BC 3000년경

- 이집트 문명 시작(BC 3000년경)
- 황허 문명 시작(BC 2500년경)
- 함무라비 왕, 메소포타미아 통일(BC 1800년경)

이집트력 창안

나일강과 시리우스 별 기준
1년을 365일, 12개월, 3계절로
이집트, 천문학의 발원지로 떠올라

대부분의 나라들이 태음력을 고수하는 가운데 이집트가 태양력을 만들어 주목받고 있다. 이번에 창안된 이집트력은 1년을 365일로 정하였는데, 이는 이집트의 젖줄인 나일강과 해가 바뀔 때면 나타나는 시리우스 별을 관측한 결과라고 한다. 나일강은 1년 중 일정한 시기가 되면 어김없이 범람하곤 하는데, 이때 해가 뜨기 직전에 시리우스 별이 나타난다는 것.

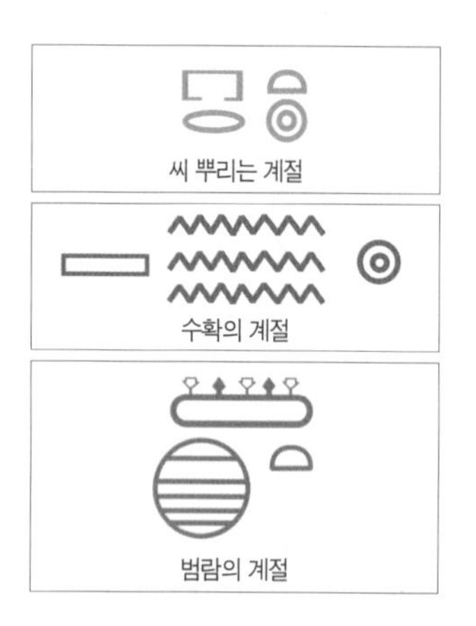

이처럼 이집트력은 나일강의 범람과 시리우스 별의 출현 시기를 시작으로 하여 다음 범람과 출현까지를 1년으로 하고 있는데, 이에 의하면 1년은 365일이다. 또 1년을 다시 12개월로 나누고 1개월을 30일로 정했으며, 나머지 5일은 연말에 덧붙인다고 한다. 뿐만 아니라 1년을 세 계절로 나누어 '범람의 계절, 씨 뿌리는 계절, 수확의 계절' 로 정하였다.

이집트력은 이집트가 지중해의 젖줄로서 곡창지대의 역할을 원활히 하기 위해 창안된

것으로, 태양의 움직임과 나일강의 범람 그리고 농경은 이집트와 불가분의 관계에 있음을 다시 한 번 보여 주는 것이다. 이집트의 필요에 의해 시작된 천문 관측과 역법으로 이집트는 천문학의 발원지로 자리매김하게 되었다.

메소포타미아에서는 태음 · 태양력 사용

한편 이집트와 더불어 오리엔트 문명의 양대 산맥을 이루는 메소포타미아에서는 어떤 역법을 사용할까? 비옥한 초승달 지대로 알려져 있는 메소포타미아 역시 일찍부터 천문 관측이 발달해 왔다. 각 도시에 세워진 신전 지구라트에서도 활발한 천문 관측이 이루어지고 있는데, 이는 국가의 운명을 점치기 위한 것이지만 계절과 1년의 길이를 측정하는 데에도 쓰인다.

메소포타미아가 정한 역법은 태음력을 기본으로 한다. 태음력은 달이 차고 기우는 삭망을 기준으로 하는데, 한 주기는 29.5일이기 때문에 이것을 1개월로 하면 1년(12개월)이 354일 정도밖에 되지 않는다. 태양년 365일에 비해 11일이나 짧은 것. 그래서 태음력으로 1년을 세다 보면 태양의 움직임에 따라 나타나는 계절과 차이가 생긴다. 이를 조절하기 위해 8년을 주기로 그 중 3년은 13개월을 1년으로 정했는데, 이것을 태음 · 태양력이라고 한다.

타임머신 칼럼

고대 오리엔트에서 과학의 토대 마련

오늘날 과학이라 불리는 것의 대부분은 르네상스 시대 이후에 일어난 과학혁명의 산물이지만, 과학혁명은 어느 날 갑자기 이루어진 것이 아니다.

과학을 어떻게 정의할 것인가에 따라 다르겠지만, 과학의 역사는 멀리 고대 오리엔트 시대까지 거슬러올라간다. 인간 문명의 태동과 더불어 신화에 의존하기는 했지만 자연현상을 설명하고 인간 생활에서 요구되는 기술을 발전시켰기 때문이다.

이집트와 메소포타미아는 고대 신화와 종교의 진원지이다. 당시 사람들은 우주의 모양, 자연이 만들어지는 과정, 인간 사회의 출현, 심지어 의료의 기원에 이르기까지 세상에 대한 갖가지 궁금증을 신화를 통해 설명했다.

물론 한 문명의 신화 속에서도 서로 모순되는 내용들이 있는가 하면 설명하지 못하는 부분도 많았다. 그러나 이 시기의 주술적이고 신화적인 요소에 바탕을 두고 이루어진 단편적인 과학 지식이 오늘날 과학의 토대가 된 것은 부정할 수 없는 사실이다. 오늘날의 '과학

메소포타미아, 최초의 문명 발원지로 발돋움

메소포타미아가 일군 문화가 인류의 문명을 이끌고 있다는 평을 받고 있다. 메소포타미아는 티그리스와 유프라테스 강이 흐르고 있어 풍부한 물의 혜택을 받고 있는 곳이다. 이처럼 풍부한 물과 농사짓기에 적합한 비옥한 진흙땅으로 인해 이곳에서는 급격한 인구 증가세를 보이고 있다. 인구 증가는 곧 도시와 문명의 발달로 이어져 많은 사람들이

적 관점'에서 본다면 결코 과학의 범주에 들 수 없는 것들이지만 말이다.

어찌 되었든 고대 오리엔트에서 일찍부터 싹튼 문명은 실용적인 의미의 과학을 발전시켰다. 이집트는 BC 3000년경부터 통합된 왕국을 이루고 뛰어난 문명을 일으켰다.

더불어 메소포타미아는 지중해 세계와 서아시아가 겹쳐 있는 지리적 여건을 이용하여 동양과 서양을 잇는 다리 역할을 하였고, 비옥한 초승달 지대의 혜택을 누리며 특유의 문화를 꽃피웠다. 청동기 문화와 농경이 시작되었으며 인구 증가에 따라 도시가 형성되고 문자가 발달하였다.

과학은 이러한 문명과 궤를 같이하며 변화의 과정을 겪었다. 측량과 건축, 회계의 필요성 때문에 수학이 발전하고 농사와 종교적 목적 때문에 천문학이 발전한 것이다.

이처럼 고대 과학은 인간이 일으킨 문명과 종교적 색채를 담아내며 발전했다. 그 과정에는 동전의 양면처럼 과학과 비과학이 혼재되어 있기도 하고, 종교를 위한 과학 혹은 과학적이지 못한 과학도 있었다. 그러고 보면 과학은 특별하지만 특별할 것도 없는 것이기도 하다. 어차피 우리 삶의 한 모습이란 점에서 그렇다. 그래서 과학이 늘 딱딱한 것만은 아니다. 딱딱한 것은 오히려 과학을 대하는 우리의 생각인지도 모르겠다.

어울려 생활하기에 적합한 건축과 기구, 교육과 제도 등의 발달을 가져왔다.

다른 지역에서는 볼 수 없는 쟁기와 바퀴 등을 농사에 이용하기도 하며 문자와 산수, 달력까지 개발하였다. 메소포타미아의 변혁은 주변 지역에도 큰 반향을 일으키며 더욱 발전해 갈 것으로 전망된다.

창간 특집

"땅과 하늘, 그리고 지구는 과연 어떤 모습일까요?"

당신이 상상하는 우주는?

이집트와 메소포타미아는 『과학신문』 창간을 기념하며 공동으로 오리엔트 지역민들의 우주관을 알아보기 위한 대대적인 설문조사를 실시하였다. 두 나라의 전 지역 주민 2,000명을 대상으로 '당신이 생각하는 우주는 어떤 모습입니까?' 라고 물은 것. 나이와 성별, 지역을 고르게 분포시켰고, 다양한 생각을 반영하기 위해 주관식, 객관식 등 다양한 답변 방식을 병행했다. 심지어는 자기가 생각하는 우주를 그림으로 표현하게도 했다.

조사 결과 '우주' 공간에 대해 많은 이들이 공통적인 생각을 갖고 있음이 밝혀졌다. 학계와 시민 모두 놀랍고 재미있다는 반응을 보였는데, 전문가들에 의하면 이집트와 메소포타미아 모두 각기 자기 나라의 신화와 경험에 바탕을 둔 우주관이 자리하고 있기 때문이라고 한다.

"우주는 직사각형 모양이다" — 이집트

이집트 사람들은 우주를 직사각형 상자 혹은 쟁반 정도로 생각하는 것으로 나타났다. 그리고 그 가운데 낮게 들어간 부분이 지구 혹은 이집트에 해당한다고 생각했다.

공기 · 대기의 신 – 슈

대지는 밑바닥을 알 수 없는 거대한 바다에 떠 있으며, 나일강은 이 바다에서 출발하여 흐르는 것으로 믿고 있었다. 그리고 땅 위에는 철로 된 둥근 천장 즉 하늘이 있고, 이 천장에 램프가 달려 있다고 답하는 사람들이 많았다. 이 램프는 하늘에 떠 있는 태양 또는 달 정도로 생각하는 듯하다.

또한 우주가 처음 생겨났을 때는 하늘의 여신 '누트'와 대지의 신 '게브'가 하나로 붙어 있었는데, 공기 · 대기의 신 '슈'가 둘 사이를 질투하여 여신 누트의 몸을 떼어냄으로써 하늘과 땅이 분리되고, 그 사이를 대기가 받치게 되었다고 믿는 것으로 나타났다.

설문조사에 응했던 한 시민(30세, 여자)은 이렇게 말했다.

"우주라고 뭐 다를 게 있나요. 우리가 사는 집이나 마을을 크게 부풀려 놓은 거랑 비슷하게 생기지 않았겠어요? 땅은 평평하고 하늘은 둥근 천장처럼 생겼을 테고, 천장에 불을 밝힐 램프가 달려 있을 것 같네요."

또 다른 시민(45세, 남자)은 우주는 신들이 내려다보기에도 좋고 가지고 놀기에도 좋은 상자처럼 생겼을 것 같다면서, "상자 바닥은 땅이고 그 주변에 산들이 기둥처럼 서 있으며, 그 위에 하늘이 얹혀져 있다"고 대답했다. 그리고 "신들이 그 상자를 물 위에 띄워 놓았을 것"이라고 말했다. 그래서 나일강도 있는 것이라는 말이다.

"우주는 원반 모양이다" — 메소포타미아

한편 메소포타미아 사람들이 상상하는 우주는 물에 떠 있는 2개의 원반 형태인 것으로 나타났다. 2개의 평평한 원반은 대지이며, 하늘은 이를 둘러싸고 물 위에 떠 있는 반구 모양의 둥근 천장이라는 것이다. 또 천장 위에 다시 물이 있고, 그 위에 여러 신들이 살면서 지구를 내려다보고 모든 일을 관장하며 천체를 운행한다는 것.

그들은 우주가 대양의 신 '아프수'와 만물의 어머니이자 혼돈의 여신인 '티아마트'에서부터 시작되었다고 믿고 있었다. 그런데 자손들이 자신들의 영역을 침범하려 들자 티아마트가 괴물들을 모아 자손들에 대항하였다고 한다. 그러자 티아마트의 손자 '마르두크'가 활과 창 · 번개로 티아마트를 죽인 후, 그 시체를 세로로 둘로 나누어 하나는 높이 매달고 다른 하나는 발 아래 널었는데, 바로 이것이 각각 하늘과 땅이 되었다는 것이다.

티아마트와 싸우고 있는 마르두크

학자들에 따르면 메소포타미아 사람들이 믿는 우주의 시작은 칼데아 왕조 시대에 이루어진 신화에 바탕을 둔 것이라고 한다.

이번 조사를 통해 밝혀진 오리엔트 사람들의 우주관에서는 몇몇 흥미로운 점들을 발견할 수 있다. 이집트의 우주 생성관은 화합을, 메소포타미아는 투쟁을 나타내는데, 이는 두 지역의 대조적인 역사의 흐름이 그대로 반영된 것이다. 또한 그들이 상상하는 우주의 모습은 각자 살고 있는 각 지방의 형세나 환경 등 지리적 조건에 토대를 두고 있다. 즉 그들에게는 자신들이 있는 그곳이 바로 세계이자 우주인 것이다.

신과 지상의 연결고리, 지구라트 완공

세계에서 가장 잘 보존된 지구라트. 이란 수사 인근 지역에 있다.

메소포타미아 우르에 달의 신 난나를 기리기 위한 기념비적인 건축물 지구라트가 세워졌다(BC 2100년경). '산꼭대기'라는 의미를 지닌 지구라트는 하늘에 있는 신과 땅을 연결시키기 위해 지어진 것이다. 땅에서 24미터 높이의 정상까지 3개의 가파른 계단이 이어져 있어 3층 건축물인 셈이다. 건축 아랫부분의 둘레는 약 213미터에 달하고, 3개의 층에는 신전과 창고, 신전 관리들의 숙소까지 마련되었다. 지구라트는 우르의 종교생활 중심지로, 사제나 신전관리인, 예배자나 노예 등 많은 사람들이 드나들 것으로 보인다.

호기심 Q&A

Q : 1년을 365일로 하는 이집트력은 지금 사용하고 있는 달력과 같은 것인가요?

A : 그렇지 않습니다. 현재 전 세계가 공통으로 사용하고 있는 역법은 그레고리력으로, 1582년 로마 교황 그레고리우스 13세가 제정한 역법입니다. 이집트력은 달력상의 날짜와 계절이 맞지 않는다는 문제가 있어, 유럽에서는 BC 46년경에 율리우스 카이사르가 제정한 '율리우스력'을 사용하게 되었습니다. 율리우스력은 1년을 365.25일(365일 6시간)로 하였는데, 이는 실제의 1년보다 약 11분 정도가 더 길다는 문제점이 있었습니다. 11분이라는 시간이 쌓이면 실제 태양 움직임에 의한 절기와 맞지 않는 시기가 생기지요. 예를 들면 실제 춘분은 3월 21일인데 달력상의 춘분은 3월 24일로 늦어지게 되는 등의 일이었습니다.

이에 교황 그레고리우스 13세는 1582년에 새로운 역법을 제정하기에 이릅니다. 이것이 현재까지 사용되는 그레고리력인데, 1년을 365일로 하되 4년에 한 번씩 1년을 366일로 하는 윤년을 두어 태양의 움직임과 달력 사이의 차이를 없애는데, 이때 100의 배수가 되는 해는 평년으로 하고 400으로 나누어지는 해는 윤년으로 한답니다.

이렇게 윤년을 정하는 방식이 까다롭고 매달 날수가 달라지는 등 단점이 있어 새로운 역법을 사용하자는 주장도 있지만, 워낙 많은 나라가 오랫동안 사용해 온 역법이라서 바꾸지 못하고 지금까지 사용하고 있는 것입니다.

밀레토스 학파

그리스 과학의 시작

- 탈레스, 일식 예언(BC 600년경)
- 데모크리토스, 원자설 주창(BC 500년경)
- 히포크라테스, 의학의 창시(BC 400년경)

BC 580년경

종교 대신 이성으로 자연 해석

그리스 과학의 시작 알려
인류의 독창적 사건으로 평가

이집트와 메소포타미아에서 문명이 시작된 이래로 기술은 거듭 발전해 왔다. 하지만 문명의 핵심은 여전히 종교에 머무르고 있어 자연을 바라보고 설명하는 모든 방식 역시 신에 의존하고 있다.

그런데 이러한 신화적 세계관에 제동을 걸고 새로운 주장을 펼치는 이가 있어 화제가 되고 있다. 바로 그리스의 밀레토스 지방에서 활동하는 '탈레스' 가 그 주인공.

탈레스를 비롯해 그를 따르는 '밀레토스 학파' 는 이제까지의 종교적 사고를 이성으로 대체해야 한다고 주장하고 나섰다. 그들의 새로운 주장은 인간의 사고에 일대 혁신을 일으키는 것으로 '기적' 이라고 평가하는 사람들이 있을 정도이다. 그리스 학계와 시민들은 탈레스와 밀레토스 학파가 '과학' 이라는 작품을 만들어냈다며 고조된 분위기이다. 이와 더불어 비로소 문명의 흐름이 종교에서 과학으로 바뀌는 전환점에 와 있다는 평가도 나오고 있다.

그러나 여전히 학문과 문화의 종교적 테두리를 고수하는 보수파들의 시선은 곱지 않다. 그러므로 과연 종교로부터 완전히 자유로운 과학이 가능할지는 좀더 지켜봐야 할 일이다. 하지만 인류의 지적 발전에 큰 계기를 마련했다는 점에서 모두가 밀레토스 학파를 인정하는 분위기다.

탈레스(BC 625~545년)
아낙시만드로스(BC 610~545년)
아낙시메네스(BC 585~525년)

타임머신 칼럼

신화적 사고에서 합리적 사고로

원시시대에도 지금과 마찬가지로 많은 일들이 일어났다. 예를 들어 해가 뜨고 비가 오고 천둥이 치고 물이 얼기도 했다.

하지만 그 시대에 살던 사람들은 지금 우리가 알고 있는 것과 같은 지식으로 그 모든 것을 설명할 수 없었다. 그래서 초자연적인 것에 의존하거나 종교적인 관점에서 이해하곤 했다.

그런데 지금으로부터 약 2,500년 전 그리스라는 작은 나라의 밀레토스에서 일부 사람들이 종교적 사고에 의문을 품고 질문을 던지기 시작했다.

자연에 대한 의문을 풀어 주는 것은 종교가 아니라 자연 자체임을 깨달은 것이다. 이것은 이른바 '합리적인 사고' 의 출발이라고 할 수 있는 획기적인 변화이다.

나아가 이들은 자연을 이해하고 규명하기 위해 아주 중요한 질문을 던진다. "자연은 무엇으로 이루어져 있는가?" 즉 "만물의 근원은 무엇인가?" 이다. 그리고 이들의 선두에 선 사람이 바로 탈레스였다.

당시 자연과 인간에 대해 연구하는 사람들을 부르는 말이 생겨났는데, 그것은 바로 '지식을 사랑하는 사람' 이라는 뜻의 '철학자' (philosopher)였다. 인간의 사고나 삶에 대한 많은 질문을 던지는 사람들을 우리는 여전히 철학자라고 부른다.

하지만 자연에 대해 질문을 던지고 해답을 찾는 사람들, 즉 자연철학자들을 지금 우리는 과학자라고 부른다.

따라서 그리스에서 합리적 사고의 시작은 바로 합리적인 '과학' 의 시작을 의미한다. 예전의 지식인들이 신화를 통해서 자연을 설명하려 했다면, 밀레토스 학파는 인간의 논리적인 사고로 자연을 설명하려 했다. 이것은 기존에 있었던 신화적 사고관을 극복하는 매우 새로운 사고방식이었다.

밀레토스에는 특별한 것이 있다?

이성에 근거한 본격적인 과학이 밀레토스에서 시작된 이유는 무엇일까? 물론 밀레토스 학파 학자들의 뛰어난 학문적 자질에 원인이 있을 것이다.

다만 학파 이름에서 지역명을 내세우기 때문에, 그 지역의 특수성에 뭔가 이유가 있는 게 아닌지 생각해 보자는 것이다.

우선 밀레토스는 동서 물자의 교역항으로서 무역과 산업으로 많은 부를 축적한 도시였다. 교역을 위해 몰려든 다양한 민족들과의 교류 기회가 많아 다양한 생각을 접할 수 있었을 것이다. 그리고 이것은 자유로운 사고를 할 수 있는 아주 중요한 계기를 마련해 주었을 것이다. 또한 밀레토스의 경제적인 풍요로움은 자연에 관해 사색할 수 있는 여유를 제공했을 것이다.

환경 조건이 이러하다 보니 학자들은 자연에 관해 강한 호기심을 가졌고, 자연의 질서를 과학적으로 탐구하는 것을 그 어떤 것보다 가치 있는 일이라고 평가했으리라.

게다가 밀레토스 학파가 이성에 근거한 과학을 주창하고 나선 BC 6~7세기는 그리스의 여러 도시들이 민주체제로 변화하던 시기였다. 이러한 사회적 분위기 역시 개인의 이성과 사유를 존중하는 밀레토스 학파의 관점에 영향을 주었던 것이 분명하다.

명사 인터뷰 밀레토스 학파의 시조, 탈레스

비판과 토론으로 '과학의 문' 열다

오늘 〈명사 인터뷰〉의 주인공은 그리스 과학의 문을 연 주인공 탈레스 선생입니다. '물의 과학자' 라는 이름으로 널리 알려져 있는 분이죠.

선생님, 안녕하세요? 만물의 근원을 물이라고 하셨는데요, 평소에도 물과 친하신가요?

"글쎄요, 모든 만물의 근원이 물이므로, 굳이 친해지려고 하지 않아도 우리는 늘상 물과 함께 하는 것 아니겠습니까?"

철학자다운 답변이시군요! 밀레토스 학파가 문명의 흐름을 바꿔 놓았다고 해도 과언이 아닌데요, 밀레토스 학파만의 특별한 점이 있다면 무엇일까요?

"먼저 우리는 '이성' 을 무척 중요하게 여깁니다. 문명이 시작된 이래로 모든 민족과 국가들은 모든 일들을 '신' 을 통해 풀어 왔습니다. 신의 분노와 사랑, 증오 등에 의해서 모든 현상이 나타난다고 믿어 왔지요. 그러나 저희는 현상을 초월한 안정적인 질서를 알려고 노력합니다. 이것은 오직 '이성'에 의해서만 접근할 수 있지요."

아하, 그래서 선생님이 만물의 근원에 관해서 그렇게 강조하신 것이군요?

"그렇습니다. 만물이 물로 이루어져 있다는 해답을 제시함으로써 일반적이고 근원적인 설명을 시도한 겁니다."

그 외 또 다른 특별한 것이 있다면요?

"밀레토스 학파가 과학을 시작했다고 말할 수 있는 것은 바로 '비판과 토론' 때문이지요. 우리는 끊임없이 토론하고 서로 비판하기를 즐깁니다."

비판하기를 즐기신다고요? 서로 틀렸다, 맞았다 다투는 것이 과학의 원동력이 되었다니 특이하군요.

"지식의 성장은 토론과 비판의 과정을 통해서만이 가능합니다. 그러나 종교적 진리라는 것은 토론이나 비판의 여지가 없어, 서로 모순된 주장을 펼치더라도 옳고 그름을 가름할 수 없어요. 당연히 발전이 있을 수 없지요. 그러나 과학은 다릅니다. 모순이 있을 때 이성적인 비판과 토론으로 진실에 도달하고 성장할 수 있지요."

물의 철학자, 탈레스

밀레토스 학파의 시조인 탈레스에게는 다양한 수식어가 붙는다. 그리스 최초의 자연철학자이자 천문학자, 수학자, 그리스 7현인(賢人)의 1인자, 물의 철학자 등 그의 다양하고 왕성한 활동을 짐작케 하는 말들이다. 탈레스는 밀레토스에서 태어나 상인으로 활동하였으며, 이후 이집트와 메소포타미아를 여행하며 기하학과 천문학을 익혔다. BC 585년 5월 28일의 일식을 예언하고, 원이 지름에 의해 2등분되는 것을 증명했다. 또한 이등변삼각형의 두 밑각의 크기가 같다는 것과 두 직선이 교차할 때 맞꼭지각이 같다는 정리를 발견하였다.

또 그는 이성을 통해 만물의 근원을 밝혀야 한다고 주장하였다. 그의 주장에 의하면 만물의 근원은 바로 물이다. 태초에 만물은 물에서 생겨났으며, 원주 혹은 원반 형태의 대지 위아래에는 물이 있어, 대지가 물에 떠 있고 위에서 비가 내린다고 하였다. 바로 이 때문에 '탈레스' 하면 '물의 철학자'를 연상하는 사람들이 많다.

특집기사

"과학으로 영혼을 정화시키자"

사모스 섬의 피타고라스 주장

밀레토스 학파에 맞서 신비주의적인 과학을 주장하고 나선 이가 있어 화제가 되고 있다. 밀레토스에서 그리 멀지 않은 사모스 섬의 피타고라스는 "사물의 원질보다 구성 원리에 초점을 맞춰야 한다"고 주장했다. 그런데 특이한 점은 그가 자연에 관한 호기심에서가 아니라 영혼을 정화하기 위한 종교적 목적으로 과학을 시작했다는 점이다. 그는 이를 널리 가르치기 위해 단체까지 설립했다.

당연한 결과이지만, 피타고라스의 과학은 밀레토스 학파의 과학과는 상당한 거리가 있다. 피타고라스는 우주의 질서를 연구하면 영혼 속에 우주적인 질서가 실현되어 신적

피타고라스 학파의 우주관

모든 천체는 불을 중심으로

피타고라스 학파는 우주 중심에 불이 있고 모든 천체들이 불 주위를 서에서 동으로 도는데, 회전 주기는 천체의 고귀함에 따라 달라진다고 주장했다. 즉 지구는 등급이 가장 낮은 천체이기 때문에 하루에 한 번, 달은 한 달에 한 번, 태양은 1년에 한 번 돈다는 것이다. 또한 불과 천체 사이의 거리는 음계에서의 음정과 같은 비율로 되어 있다고 주장했다. 그러나 이러한 주장에 대해 학계의 반응은 냉담할 뿐이다.

또 이들은 우주를 세 부분으로 나누어 생각했다. 지구와 달 표면 아래의 우라노스, 움직이는 천구들의 코스모스, 신들의 주거인 올림포스가 바로 그것이다. 그리고 지구와 천체, 우주는 모두 구형이며 원운동을 한다고 주장했다. 그들은 구형을 기하학적인 입체 중에서 가장 완전한 것으로 생각했다.

인 상태에 다가갈 수 있다고 주장했다. 또한 그는 수가 우주의 관념적인 모델이라고 주장하였다.

피타고라스 학파에는 생물학이나 해부학을 연구하는 학자도 있는데, 그 중 대표적인 사람이 알크마이온(BC 500년경)이다. 그는 동물 해부를 통해 눈과 뇌를 연결하는 시신경을 발견했다. 그의 설명에 따르면 인간은 대우주를 베껴 놓은 소우주이다.

'현실 도피적' 이라는 비판의 소리 높아

초기에 신선하다는 평가를 받기도 했던 피타고라스 학파는 종교적인 성향 때문에 점차 더 많은 비판을 받고 있다. 신비주의적 체험을 통해 윤회의 고리에서 벗어나야 한다는 그들의 주장에 대해 많은 학자들은 구석기 시대에나 맞을 사상이라며 강하게 비판하고 있다.

나아가 시민들도 피타고라스 학파가 사회 참여를 거부하는 무책임한 종교집단일 뿐이라며 비난하고 있다.

이처럼 비판의 목소리가 점차 거세지자 피타고라스 학파 내부에서도 전에 없이 해체설이 나돌고 있어, 학파의 명맥이 유지될 수 있을지 불투명한 상태이다. 신비주의적 학문 성향의 수정 없이는 폭넓은 발전을 기대하기 어려울 것으로 보인다.

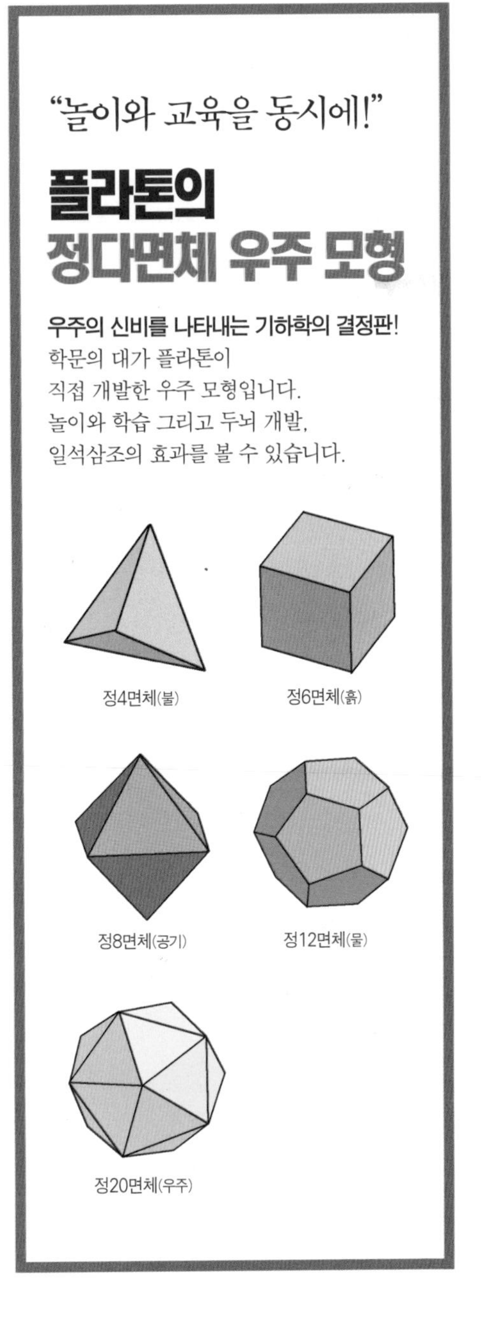

아리스토텔레스

동물 분류학의 아버지

기원전 300년경

- 탈레스, 일식 예언(기원전 6세기)
- 엠페도클레스, 불 · 공기 · 물 · 흙의 4원소설 주장(기원전 5세기)
- 플라톤, "천체는 완전하고 원운동을 한다"고 주장(기원전 4세기)

"자연은 쓸모없는 일을 하지 않는다!"

리케이온의 수장 아리스토텔레스, 생물학 사상 발표 동물 해부 및 분류 시도

그리스의 과학자인 아리스토텔레스(Bc 384~322년)의 생물학 사상이 큰 반향을 불러 일으키고 있다. 그는 평소 "자연은 쓸모없는 일을 하지 않는다!"는 말을 자주 해왔는데, 이 말은 그의 목적론적 사상을 대변하는 것이다. 그는 모든 생물의 생김과 기능 등을 순전히 목적론에 근거하여 설명하고 있다. 예를 들어 되새김질하는 동물들의 위가 다른 동물들에 비해 복잡한 이유는 치아가 부실한 것을 보상해 주기 위한 자연의 계획 때문이라는 것.

또한 무생물에서부터 인간에 이르기까지 우주 만물은 연속적인 사다리를 이루고 있다고 주장하며, 사다리의 등급을 생물의 완전한 정도에 따라 12단계로 구분하고 있다.

사 람
태생 4족류
고래류
난생류
두족류
갑각류
조개류
해파리류 멍게류
해삼류 해면류
고등 식물
하등 식물
무생물

아리스토텔레스의 '생명의 사다리'

동물 분류학의 아버지로 불려

아리스토텔레스는 특히 동물에 큰 관심을 보였는데, 인간을 비롯한 540여 종의 동물을 형태에 따라 분류하는 작업을 이미 마쳤다고 한다. 그 중 50여 종의 동물은 직접 해부해 그 구조를 밝혀냈다. 이러한 성과 때문에 사람들은 그를 '동물 분류학의 아버지'라고 부른다.

그의 광범위하면서도 체계적인 동물 해부 실험은 생물학의 기초를 마련했다는 평가를 받고 있다. 그는 매번 해부를 마칠 때마다 동물들의 구조에 자연의 계획이 개입되어 있다는 생각이 더욱 확고해졌다고 말한다.

생물학 저서에 오류 드러나 혹평 받기도

한편 체계적이고 꼼꼼한 관찰에도 불구하고 그의 연구에 오류가 있음이 드러났다. 그는 이미 2세기 전에 밝혀진 뇌의 주요 기능인 감각과 지적 능력이 심장에서 비롯된다는 주장을 굽히지 않고 있다. 이 때문에 뛰어난 연구성과에도 불구하고 혹평이 꼬리표처럼 따라다닌다.

그러나 아리스토텔레스가 생물학에 남긴 수많은 업적과 권위에 비하면 이런 오류는 사소한 것으로 평가되며, 그 때문에 그의 연구성과가 평가 절하될 수는 없다는 것이 학계의 일반적인 반응이다.

"자연의 변화는 공예품 만드는 과정과 같다!"

아리스토텔레스는 자연의 변화과정을 공예품 만드는 과정에 비유해 설명했다. 공예품을 만드는 과정은 다음 4가지 질문과 그에 대한 답변으로 완벽한 설명이 가능한데, 자연의 모든 변화과정 역시 마찬가지라는 것이다.

4가지 질문에 관한 답변을 그는 '원인'이라고 부르면서 각각 다음과 같이 설명하고 있다.

① 어떤 재료가 사용되었는가? → **질료인**
② 어떤 모델에 따라 만들어졌는가? → **형상인**
③ 누구에 의해 만들어졌는가? → **운동인**
④ 어떤 목적을 위해 만들어졌는가? → **목적인**

타임머신 칼럼

아리스토텔레스, "자연은 빈 곳을 싫어한다!"

이상욱 (한양대 철학과 교수)

아리스토텔레스는 요즘같이 학문의 세분화가 극단적으로 진행되는 상황에 비추어 보면 믿기 힘들 정도의 만물박사였다. 그가 활발한 연구 · 저술 활동을 벌였던 주제는 정치학, 윤리학, 생물학, 물리학, 천문학 등 거의 대부분의 학문 분야를 망라한다.

아리스토텔레스 학문의 또 다른 특징은 그가 이러한 주제들을 개별적으로만 연구한 것이 아니라 일종의 통일성을 부여했다는 점이다. 수많은 현상을 가로지르는 아리스토텔레스의 통합력은 그의 학문이 지닌 장점이자 현재 관점에서 보면 약점으로 비칠 수 있는 부분이기도 하다.

진공의 예를 들어 보자. 아리스토텔레스는 진공이 존재할 수 없다고 주장한 것으로 유명하다. 중세 아리스토텔레스주의자들은 이를 '자연은 비어 있는 곳을 싫어한다' 고 해석했다. 진공에서 일상적인 실험을 수행하는 현대 과학자의 입장에서 보자면 이런 아리스토텔레스의 주장은 고대의 대가도 여전히 무지할 수 있음을 보여 주는 증거로 생각할 수 있다. 물론 실험과학자들이 다루는 진공은 완벽하게 '비어 있는' 공간이 아니다. 하지만 좀더 완벽한 진공에 가까운 상태를 만드는 데는 어떤 이론적 장벽도 존재하지 않는다. 따라서 그가 진공을 불가능하다고 생각한 것은 여전히 오류인 것처럼 보인다.

하지만 아리스토텔레스에게 있어 진공의 불가능성은 단순한 경험적 주장이 아니라는 점에 주목해야 한다. 아리스토텔레스의 진공 개념은 그의 자연철학 전체와 유기적으로 연결되어 있기에 단순히 공기를 빼낸 공간을 만들어낼 수 있게 되었다는 관찰 사실을 덧붙임으로써 쉽게 반론할 수 있는 문제가 아니다.

아리스토텔레스의 운동이론에 따르면 운동이란 '위치'를 바꾸는 것을 포함한 모든 변화를 가리킨다. 그런데 모든 변화에는 원인이 필요하다. 지상에서 물체를 던지면 얼마쯤 날아가다가 땅에 떨어져 정지하는데, 아리스토텔레스에 따르면 이는 추진력이라는 원인이 힘을 다하고 반대로 저항력이 작용하기 때문이다. 이때 저항력은 매질의 밀도에 비례하여 커지기 때문에, 아리스토텔레스는 물체의 속도가 매질의 밀도에 반비례해서 변화한다는 관계식을 제안했다. 이 관계식은 똑같은 힘으로 던진 물체가 공기에서보다 기름 속에서 더 느리게 움직이는 현상을 설명할 수 있다. 그런데 진공이란 밀도가 0인 매질이므로 진공에서의 물체의 속도는 무한대가 된다. 무한대의 속도란 불합리하므로 진공은 존재할 수 없어야 한다.

게다가 진공에서는 사방팔방이 모두 균질하기 때문에 어떤 방향도 다른 방향보다 선호될 수 없고 어떤 위치도 다른 위치와 차이를 가질 수 없다. 따라서 진공에서는 운동이 발생할 수 있는 원인을 아예 찾을 수 없다. 즉 운동 자체가 불가능해지는 셈이다. 이는 아리스토텔레스의 자연철학적 관점에서 볼 때 역시 불합리한 결론이다. 그러므로 진공은 존재할 수 없다.

하지만 앞서 말했듯이 아리스토텔레스의 '텅 빈 공간에 대한 부정'은 단순한 경험적 사실이라기보다 자연세계와 인간세계를 바라보는 그의 전체적인 관점과 맞닿아 있다.

아리스토텔레스는 이러한 원리를 자연의 질서에도 적용하여 이성을 가진 면에서 신과 유사점을 가지는 반면, 감각, 영양, 번식 등의 다른 주요한 속성에서는 동물과 특징을 공유하는 존재로 인간을 설정했다. 이런 식으로 다양한 속성들을 어느 정도 실현했는지에 따라 우주의 존재 층위는 빼곡하게 차게 된다. 여기서도 역시 '빈 곳'은 찾아볼 수 없다.

명사 인터뷰 산책학파의 수장, 아리스토텔레스

"걸으면서 학문하라!"

오늘 〈명사 인터뷰〉의 주인공은 리케이온 학원의 원장 아리스토텔레스입니다. 안녕하세요? 원장님!

"네, 반갑습니다."

요즘 일반인들에게 걷기 혁명이 일고 있는데요, 원장님께서 운영하는 학원에서도 걷기 열풍이 불고 있다고 해서 화제가 되었지요?

"요즘 저희 학원에서 공부하는 사람들을 가리켜 '산책학파'라고 한다더군요. 아마 제가 종종 산책하면서 강의하는 것을 두고 그렇게들 얘기하는 모양입니다."

산책하면서 강의를 한다, 정말 이색적이군요. 산책학파라는 칭호가 붙을 만한 것 같습니다. 그렇게 하시는 특별한 이유라도 있습니까?

"이유는 여러 가지입니다. 일단 걷기는 몸에 좋지요. 많이 걷는 것만큼 건강에 좋은 게 없습니다. 저희 아버지는 마케도니아 왕의 전속 의사셨지요. 아버지는 건강의 비결이란 특별할 게 없다고 입버릇처럼 말씀하시곤 했습니다. 좋은 음식을 먹기보다

적게 먹고 자주 걸으라고요."

그럼 제자들의 건강을 위해 산책 강의를 하신다는 말씀이신가요?

"걷는 것은 두 번째로 정신 건강에도 아주 좋답니다. 여유로운 산책은 사색을 불러오고, 사색은 학문 연구에 보탬이 되지요. 그리고 산책하면서 나누는 대화와 토론은 가장 자연스러운 강의법입니다. 산책을 통해 심신이 편안한 가운데 좋은 강의와 대화가 이루어지니까요."

듣고 보니 산책은 리케이온 강의의 핵심이란 생각이 드는데…….

"걷기는 리케이온의 강의법이기도 하지만, 산책을 하면서 얻은 학문적 성과도 컸답니다. 알다시피 저는 생물학에 관심이 많습니다. 숲과 들을 산책하면서 식물과 동물을 관찰할 수 있었고 그 과정에서 학문적 아이디어를 많이 얻었답니다." **(뒷면에 계속)**

리케이온의 산책 강의를 떠나서 일반인들의 걷기에 관한 관심이 커지고 있는 현상을 어떻게 보시는지요?

"아주 좋은 현상이라고 봅니다. 걷기는 인간의 가장 자연스러운 행위이자 특권이죠. 꼭 무엇을 위해서가 아니라 걷기 그 자체를 즐기라고 말하고 싶군요. 걷기는 혼자서도 여럿이서도 할 수 있는 운동이자 사색의 한 방법입니다. 산책을 즐기는 사람들은 철학적 사고력이 그렇지 않은 사람에 비해 깊을 뿐만 아니라 그들 중에는 악한 사람이 없습니다. 그만큼 심신을 단련하는 좋은 수단이지요."

역시 산책학파 수장다운 말씀이십니다. 좋은 말씀 감사드립니다.

『히포크라테스 전집』 발간, 의학의 발전 기대

의학의 창시자로 추앙받는 히포크라테스(BC 460~377년)의 의학을 집대성한 책, 『히포크라테스 전집』이 알렉산드리아의 학자들에 의해 발간되었다. 히포크라테스는 수천 년 동안 이어져 온 질병과 치료에 대한 사람들의 사고를 바꾸는 데 혁혁한 공을 세운 그리스의 의학자이다.

그 동안 질병은 신이 내리는 형벌이라는 생각이 지배적이었다. 따라서 의사란 신의 용서와 자비를 구하는 무당이기도 했다. 바로 이러한 생각에 이의를 제기한 사람이 히포크라테스다. 그에 따르면 질병은 자연적인 이유에 의해 생기는 부조화이며 조화를 되찾으면 치유된다고 한다. 따라서 전문적인 지식을 갖춘 자만이 의사가 되어야 하며, 일단 의사가 된 이후에도 끊임없이 병을 관찰하고 배운 내용과 비교해야 한다고 주장했다. 실제로 그는 코스 섬에 세계 최초의 병원을 세우기도 했다.

이번에 발간된 『히포크라테스 전집』은 약 70권에 이르는 히포크라테스의 모든 저서들을 아우르는 것으로 해부학, 임상, 수술 등에 대한 상세한 내용이 담겨 있다.

"지구는 둥글다"

아리스토텔레스의 설득력 있는 주장에 학자들 동조

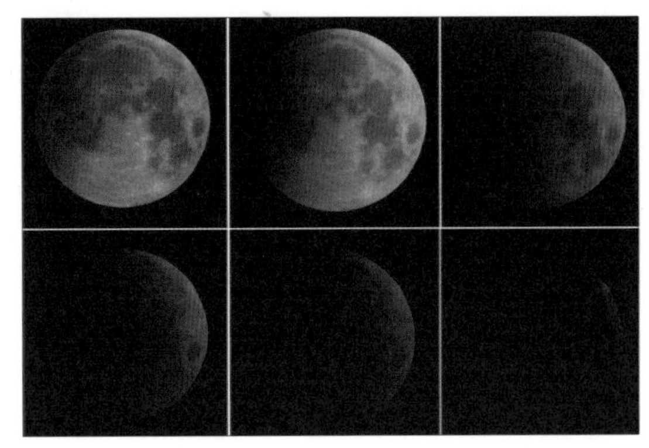
그리스에서 관측된 개기월식 (사진, 연합뉴스)

역사상 최초로 지구가 둥글다는 주장이 아리스토텔레스에 의해 제기되었다. 이 같은 발상에 많은 사람들이 경악을 금치 못하고 있는 가운데, 아리스토텔레스는 월식이 이를 뒷받침하는 강력한 증거라고 설명했다.

월식은 보름달일 때 일어나는데, 이를 잘 관찰하면 달이 오렌지빛으로 변하면서 그 앞을 가로막는 둥글고 검은 그림자가 나타났다가 사라진다.

지금까지는 사람들은 이러한 현상을 신이 인간들의 자만을 일깨우고 신에 대한 외경심을 갖게 하기 위해 달을 물들이는 것이라고 믿어 왔다. 그러나 아리스토텔레스는 이 검고 둥근 형체가 태양빛에 의해 생긴 지구의 그림자라고 주장했다.

나아가 그는 육지에서 멀어져 가는 배 역시 지구가 둥글다는 것을 증명해 준다고 말했다. 만약 지구가 편평하다면 보이지 않을 정도로 멀어지기 전에는 크기만 작아질 뿐 배의 전체 모습이 온전히 보여야 이치에 맞다는 것이다. 그러나 실제로는 크기가 작아짐과 동시에 배의 바닥부터 점차 시야에서 사라지고 돛대의 꼭대기는 가장 늦게 모습을 감춘다. 이것이 바로 지구가 둥글기 때문이라는 설명이다.

아리스토텔레스의 이 같은 주장은 상당히 설득력 있는 것으로 대부분의 과학자들이 수긍하고 있다.

특집기사

'천체와 지구'의 실체는?

요즘 학계에서는 원탁에 모여 앉아 서로의 의견을 주고받는 것이 유행처럼 번지고 있다. 천문학자들이 원탁토론을 벌인다고 하여 그 현장을 찾아가 보았다. 토론의 주제는 '천체와 지구'였는데, 천체와 지구에 관한 이론은 과학이 시작된 이래로 끊임없이 탐구되어 왔던 분야이다.

오늘 원탁의 토론현장은 아낙시만드로스, 아리스토텔레스, 에우독소스, 칼리포스, 탈레스, 피타고라스, 필로라오스(이상 가나다 순) 등 당대의 내로라하는 거장들의 이야기를 한꺼번에 들을 수 있어 그 의미가 컸다. 하지만 열띤 토론에도 불구하고 한 가지 결론에 이르지는 못했다. 지구와 천체의 비밀은 그것들을 내려다볼 수 있는 신만이 알 수 있는 것일까? 언젠가는 그 비밀이 밝혀지기를 바라면서 천문학자들의 대토론 내용을 살펴보기로 한다.

탈레스 : 최초의 철학자이자 과학의 아버지인 내가 가장 먼저 한마디 해야겠군. 장담컨대 지구는 물 위에 떠 있는 게 확실하오!

아낙시만드로스 : 스승님, 죄송합니다만 저는 그렇게 생각하지 않습니다. 지구는 넓적한 원통모양으로 하늘에 떠 있어요. 그 주위를 바퀴살이 빠진 바퀴 모양의 별들이 돌고 있지요. 바퀴가 불로 가득 차 있어서 지구에서 볼 때 별이 밝게 빛나 보이는 겁니다. 어떤 때는 바퀴가 막혀서 불을 밖으로 내뿜지 못하는 때가 있는데, 바로 이때 일식과 월식이 나타나는 것이라고 생각합니다.

피타고라스 : 그렇지 않습니다. 지구는 완전한 구형이에요. 구형은 모든 도형 중에 가장 완전한 형태입니다. 우주의 중심에 둥근 지구가 있고, 그 주위를 다른 천체들이 돌고 있습니다.

필로라오스 : 피타고라스 스승님을 따르는 제자이기는 하지만 스승님과는 생각이 조금 다릅니다. 우주의 중심에는 '중심불'이 있어서 지구를 비롯한 10개의 천체가 불 주위를 돌고 있습니다. 중심불은 바로 제우스 신의 집이거나 신들의 어머니일 겁니다.

"지구는 물 위에 떠 있소." - 탈레스
"넓적한 모양의 지구는 하늘에 떠 있어요." - 아낙시만드로스
"우주 중심에 둥근 지구가, 그 주위를 다른 천체들이 돌고 있소." - 피타고라스
"중심불 주위를 지구를 비롯해 천체들이 돌고 있습니다." - 필로라오스
"우주는 지구를 중심으로 동심원을 이루고 있습니다." - 에우독소스
"지구를 중심으로 한 33개의 동심 천구들은 모델일 뿐입니다." - 칼리포스
"천구는 제5의 물질인 에테르로 이루어져 있습니다." - 아리스토텔레스

에우독소스 : 우주는 지구를 중심으로 동심원을 이루고 있습니다. 모든 천체들이 지구를 중심으로 각자의 궤도에 따라 돌고 있지요. 우주에는 27개의 동심 천구가 있습니다.

칼리포스 : 우주에 지구를 중심으로 한 동심 천구들이 있는 건 확실하지만, 그 수는 33개가 맞을 겁니다. 하지만 동심 천구라는 게 실제로 존재하는 건 아닙니다. 천체들의 움직임을 설명하기 위해서 고안한 모델일 뿐이죠.

아리스토텔레스 : 그렇지 않아요. 동심 천구는 실제로 있습니다. 태양과 별 같은 천체들은 이 투명한 천구에 고정된 채 지구 주위를 도는 거죠. 하늘이 있고 땅이 있듯이 천구도 분명히 존재합니다. 우주는 완전한 천상의 세계와 불완전한 땅의 세계로 분리되어 있어요. 천구는 땅에 있는 물질과는 전혀 다른 제5의 물질 '에테르'로 이루어져 있습니다. 에테르가 무게도 없고 투명해서 천구가 눈에 보이지 않을 뿐, 천구는 분명 존재하고 있습니다.

아리스타르코스

최초로 지동설 제창

BC 280년경

- 아르키메데스, 부력의 원리 발견(BC 3세기경)
- 헤론, 반동 증기터빈 제작(BC 120년경)

"우주의 중심은 태양"

지구는 지축을 중심으로 일주운동
지구에서부터 달, 태양까지의 거리 최초 측정

사모스 섬 출신의 아리스타르코스(BC 310~230년)가 새로운 천체 모델을 발표했다. 그가 제시한 천체 가설의 핵심은 우주의 중심은 지구가 아니라 태양이라는, 태양중심설(지동설)로 요약될 수 있다. 매우 독창적인 그의 생각은 획기적인 발상이라는 긍정적인 평가와 신성을 모독하는 최악의 가설이라는 서로 상반된 평가를 동시에 받고 있다.

그에 따르면 지구는 하루에 한 번씩 자전하면서 1년에 한 번 태양 주위를 원 궤도로 공전한다. 또한 지구를 도는 달을 제외한 모든 행성은 태양 주위를 돈다고 한다. 태양이 지구 주위를 도는 것처럼 보이는 것은 지구의 자전 때문이라는 것이 그의 설명이다. 이것은 지구와 천체는 완전히 다르고 천상 세계는 지구와 달리 완벽하다는 일반적인 생각을 완전히 뒤엎는 이론이다.

많은 사람들이 아리스타르코스의 가설에 놀라워하고 있는 가운데, 스토아 학파의 우두머리인 클레안테스는 아리스타르코스가 천상 세계의 완전성을 무시하는 신성 모독적 이론을 주장했다며 그를 불경죄로 고발하겠다고 말했다.

앞으로 아리스타르코스의 태양 중심설의 진위와 관련해 긴 공방이 이어질 것으로 예상된다.

지구에서 달이나 태양까지의 거리 최초로 측정

거센 비판에도 불구하고 아리스타르코스가 제시한 지구로부터 달과 태양까지의 거리 측정방법은 많은 관심을 모으고 있다.

그는 삼각 측량법을 이용하여 지구와 달, 지구와 태양 사이의 거리를 측정했다고 한다. 여기에서 그는 먼저 반달일 때 달과 지구와 태양이 직각삼각형을 이룬다고 가정한다. 그러면 지구와 달, 지구와 태양을 연결한 직선이 87도를 이룬다는 것이다.

그는 이를 토대로 지구와 태양, 지구와 달 사이의 상대적인 거리를 측정했는데, 그 결과 지구에서 태양까지의 거리는 지구에서 달까지 거리의 약 19배 정도가 된다고 한다.

또한 일식 때 달이 태양과 완전히 겹쳐진다는 것을 근거로 태양의 지름은 달 지름의 19배라고 주장하기도 했다.

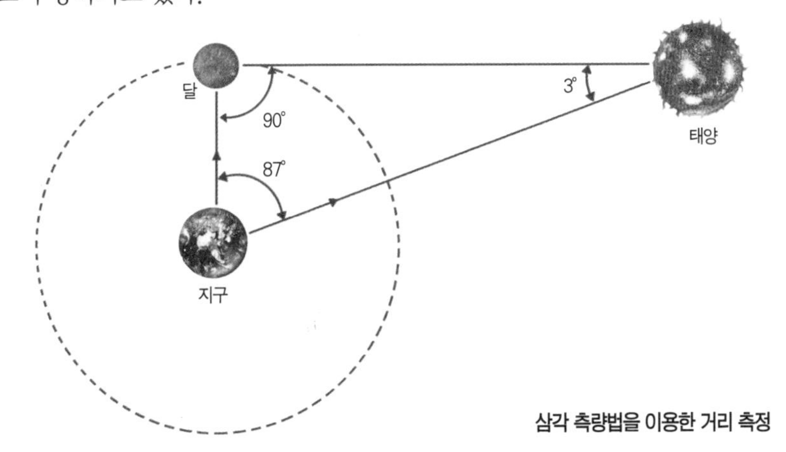

삼각 측량법을 이용한 거리 측정

타임머신 칼럼

아리스타르코스의 결론은 잘못됐다. 그러나…

'모든 학문의 아버지' 라는 이름의 의미에 걸맞게 아리스토텔레스는 실로 대단한 학자였다. 그래서 1800년에 가까운 세월 동안 후세의 학자들은 아리스토텔레스가 틀렸으리라고는 조금도 생각지 못했다. 재미있는 것은 이러한 생각이 아리스토텔레스의 가르침에 어긋난다는 것이다.

아리스토텔레스는 자신의 논리학 책에서 학자들의 자연 관찰과 이론 구축, 그리고 진리를 추구하는 자세에 대해 쓰고 있는데, 관찰한 자연을 설명하기 위해서는 끊임없이 질문을 던져야만 진리에 도달할 수 있다고 했다.

하지만 후세의 사람들은 새로운 이론 구축에 주저했다. 아리스토텔레스의 말에 부응하는 것만을 진실로 받아들였던 것이다. 이러한 상황은 아리스토텔레스와 의견을 달리하는 많은 학자들에게 족쇄가 되었다.

아리스타르코스 역시 이 족쇄로부터 결코 자유로울 수 없었다. 태양중심의 우주론을 주창한 그에게는 다른 학자들을 설득할 수 있을 만큼 논리적 근거가 충분했다. 큰 물체가 작은 물체를 중심으로 회전한다는 발상에 대한 문제 제기도 상당히 설득력 있다.

지구의 자전에 대한 설명은 지금의 우리에게는 진실이다. 그러나 당시 학자들은 그의 의견에 주목하지 않았다. 그에 대한 기록이 거의 남아 있지 않다는 사실과 약 1800년 이후 코페르니쿠스가 등장하기까지 아리스타르코스와 의견을 같이 하는 학자에 대한 기록이 전혀 없다는 사실이 이를 뒷받침한다. 이러한 상황은 코페르니쿠스가 『천구의 회전에 관하여』를 펴낸 1543년까지 이어졌다.

아리스타르코스의 또 다른 놀라운 업적이라 할 수 있는 지구에서 달과 태양까지의 거리 계산은 실제 거리보다 약 20배 적은 수치이다. 지구에서 태양까지의 거리는 약 1억 5,000만km이며, 지구에서 달까지는 약 38만 4,000km로, 태양까지의 거리가 달까지에 비해 약 400배 더 멀다.

또 달의 지름은 약 3,500km이며 태양은 약 141만 460km로서 역시 400배의 차이가 난다.

태양은 아리스타르코스가 생각했던 것보다 훨씬 거대할 뿐 아니라 또 멀리 있다. 빛은 1초에 30만km를 갈 수 있으므로, 태양의 빛이 지구에 도달하는 데는 8분 19초가 걸린다. 결국 우리가 보는 태양은 실제 태양이 아닌 8분 19초 전의 태양인 셈이다.

아리스타르코스가 이처럼 잘못된 결론을 이끌어낸 원인은 그가 측정한 87도의 각도가 실제로는 89.85도였다는 데 있었다. 이것은 달 표면에 나타나는 명암의 경계가 분명치 않아 달이 지구와 90도가 되는 시기를 정확하게 확인하기가 쉽지 않았기 때문이다. 결국 작은 오차가 엄청난 차이를 만들어낸 것이다.

한마디로 아리스타르코스가 내린 결론은 틀렸다. 그의 결론은 분명 오차 범위 내에서 이해할 수 있는 수치가 아니다. 그러나 그가 생각해낸 원리는 너무나 정확했다. 결국 그가 측정해낸 결과는 잘못됐지만 과정은 옳았던 것이다.

게다가 그에게는 원시적인 수준의 망원경조차 없었던 것을 감안한다면 그의 업적은 결코 폄하될 수 없다. 결과만 보지 말고 과정을 보자. 그것이 바로 과학사이기도 하니까.

명사 인터뷰 아리스토텔레스의 족쇄를 던져 버린 아리스타르코스

가만히 앉아서 우주 공간을 들여다보다

오늘 〈명사 인터뷰〉의 주인공은 『태양과 달의 크기와 거리』의 저자 아리스타르코스 선생입니다.

안녕하십니까, 선생님? 최근 많은 사람들의 관심과 함께 논란을 불러일으킨 주인공이신데요, 무엇보다도 지구에서 태양이나 달까지의 거리 측정에 대한 발상을 어떻게 하게 됐는지 궁금합니다.

"저에게 영감을 준 사람은 200년 전의 그리스 철학자 아낙사고라스였어요. 그 분은 태양은 뜨거운 흰색 암석이고 달은 차가운 암석이라고 주장했지요. 달빛은 태양으로부터 빛을 받아 반사되는 것이고요. 당시로서는 너무나 파격적인 주장이었어요. 태양은 신에 의해 운행된다고 믿었고, 심지어 태양을 신으로 섬기는 사람들도 많았던 때니까요. 결국 그는 신성 모독이란 죄명으로 이단으로 몰려 외국으로 추방까지 당했지요."

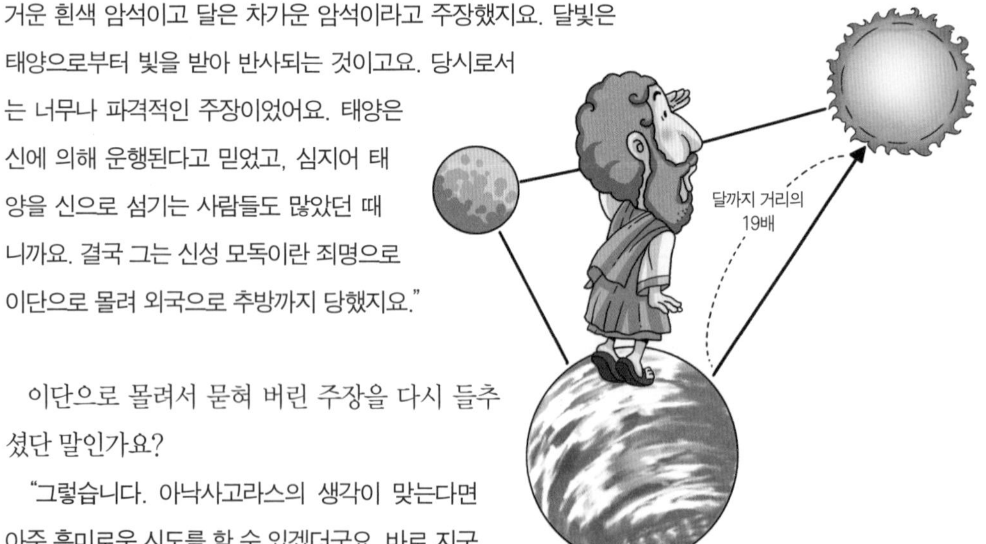

이단으로 몰려서 묻혀 버린 주장을 다시 들추셨단 말인가요?

"그렇습니다. 아낙사고라스의 생각이 맞는다면 아주 흥미로운 시도를 할 수 있겠더군요. 바로 지구

에서 태양과 달까지의 거리를 재는 것이었습니다."

잘 이해되지 않는군요. 아낙사고라스의 주장과 달과 태양까지의 거리를 재는 것이 어떤 관계가 있다는 말씀이신가요?

"아낙사고라스의 주장대로 달이 태양빛을 받아 빛을 내는 것이라면, 태양과 달과 지구가 직각삼각형을 이루는 위치에 올 때 달의 모양이 반달이 된다는 생각을 하게 된 겁니다(1면 그림 참조). 그래서 반달이 되었을 때 지구와 달을 잇는 직선과 지구와 태양을 잇는 직선이 이루는 각도를 재어 보니 87도였습니다. 이 수치를 피타고라스의 직각삼각형에 관한 정리에 적용시켜 지구에서 달까지에 비해 태양까지의 거리가 19배 정도 멀다는 계산이 나온 겁니다."

정말 대단하십니다. 이미 200년 전에 사람들이 거부하고 잊혀진 주장을 새롭게 검토하고, 나아가 수학적 원리를 이용해 달과 태양까지의 거리를 알아내신 거군요. 우주의 중심이 태양이라는 주장도 정말 새로운 발상인데, 도전과 발상의 전환이 선생님 연구의 원동력이 되는 것 같습니다. 앞으로도 좋은 연구 기대하겠습니다.

새로 나온 책

유클리드, 『기하학 원리』

수학적 명제와 증명을 모아 정리한 기하학의 바이블!

그리스 수학자들의 연구를 집대성한 책이 나왔다. 이 책에는 플라톤과 피타고라스의 수학 이론을 비롯하여 에우독소스의 비례이론, 테아이테토스의 무리수 이론 등이 정리 · 종합되어 있다. 『원본』 혹은 『원론』이라고도 불리는 이 책의 저자는 "기하학 공부에 왕도란 없다"는 말로 유명한 유클리드이다. 그는 알렉산드리아의 프톨레마이오스 왕을 가르치던 중, 기하학이 어렵다며 불평하는 왕에게 이같이 대답했다고 한다.

『기하학 원본』은 모두 13권으로 되어 있는데, 1~6권까지는 5권 비례론을 제외하고 모두 평면기하를 다루고 있고, 7~9권은 유리수 · 비례수, 10권은 무리수론, 11~13권은 입체기하학을 다루고 있다.

왕실 부속연구소 '무세이온' 완공

알렉산더 대왕의 이름을 따서 건설한 도시 알렉산드리아에 '무세이온(Mouseion)'이 건립되었다(BC 331년). 이곳에서는 주로 학문을 연구하는 기능을 담당하며, 이를 위한 도서관 시설도 완비되어 있다. 무세이온은 아테네의 리케이온을 벤치마킹하여 지어진 것으로 전해지고 있다. 이로써 알렉산드리아는 그리스를 대신하는 과학연구의 새로운 메카로 떠오르게 되었으며, 학문연구가 무세이온을 통해 국가로부터 조직적인 지원을 받을 수 있게 되었다.

무세이온이 건립되기까지는 다소 길고 복잡한 여정이 있었다. 알렉산더 대왕이 통치하던 방대한 영토가 그의 갑작스러운 죽음으로 마케도니아와 그리스, 소아시아, 이집트, 이렇게 세 부분으로 나뉘자 알렉산더 휘하의 힘 있는 장군들이 그 세 곳을 각각 통치하게 되었다. 무세이온은 그 중 이집트를 지배하는 프톨레마이오스 왕가에 의해 건립된 것이다.

무세이온과 도서관은 부서별로 전문화되어 있으며, 각지에서 초청된 약 100여 명의 교수가 자연과학과 문헌학을 연구 · 강의하고 있다. 한편 도서관에는 50~70만 권의 책이 비치되어 있다고 한다.

"아르키메데스의 펌프"

알렉산드리아 최고의 기술자 아르키메데스가 개발한 양수기

세련된 디자인의 원통에 붙은 손잡이만 돌려 주세요!!
원통 속의 나사가 돌아가면서 힘들이지 않고 물을 뿜어 올릴 수 있습니다.

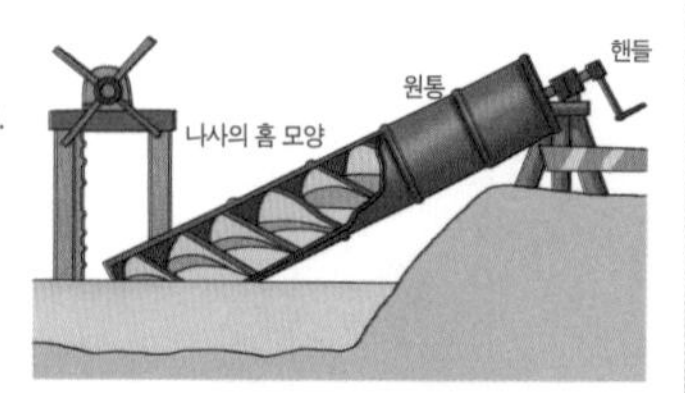

강 · 호수 · 바다 어디든 설치 가능!
오물 걱정 필요 없음!
판매처 : 아르키메데스 대리점(무세이온 건너편)

에라토스테네스

지구의 크기 측정

BC 240년경

- 아리스토텔레스, 낙하운동의 속도는 물체의 무게에 비례한다고 생각(BC 4세기경)
- 플라톤, 천체는 완전하고 구이며, 원운동 한다고 주장(BC 4세기경)

지구의 크기는?

그림자 길이로 지구 둘레 계산에 성공
천체 크기 각각 수치로 밝혀질 것

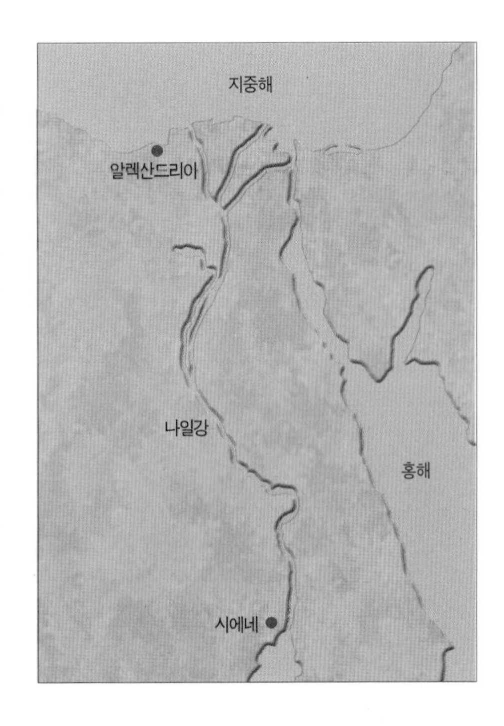

알렉산드리아 무세이온의 도서관장 에라토스테네스(BC 276~194년)가 인류 최초로 지구의 크기를 측정해내는 쾌거를 이루었다. 그는 같은 날 같은 시간인데도 알렉산드리아와 그 남쪽에 있는 도시 시에네(현재의 아스완)에서 그림자의 길이가 다르다는 사실에 착안해 이 같은 성과를 이루어냈다.

놀라운 것은 그가 사용한 도구는 각도기뿐이라는 사실이다. 두 도시 사이의 거리는 고용한 사람들의 발걸음 수를 세어 알아냈다고 한다. 그 결과 그가 계산해낸 지구의 둘레는 25만 스타디아(46,250km)이다.

이로써 그 동안 비례로만 알려져 온 태

양을 비롯한 여러 천체들의 크기를 구체적인 수치로 나타낼 수 있게 되었다.

그리스 큐레네 출신인 에라토스테네스는 아테네에서 활동하다가 BC 244년경 40세의 나이로 이집트로 가 BC 235년에 알렉산드리아의 왕실부속 학술연구소 무세이온의 도서관 일원이 되었다.

수학, 천문학, 지리학에 조예가 깊은 그는 많은 업적을 남기기도 했다. 수학에 있어서 가장 유명한 것은 그가 고안한 소수를 찾는 방법인데, 이것이 바로 '에라토스테네스의 체' 이다.

또 그는 지리학을 창시한 학자 가운데 한 사람으로 꼽힌다. 해박한 지식과 폭넓은 경험을 바탕으로 세계지도를 그리기도 했는데, 그가 그린 이 지도에는 지구 크기에 비례한 척도가 최초로 적용된 것으로 알려져 있다. 대표적인 저서에는 『지리학』이 있다.

에라토스테네스의 지구 둘레 측정

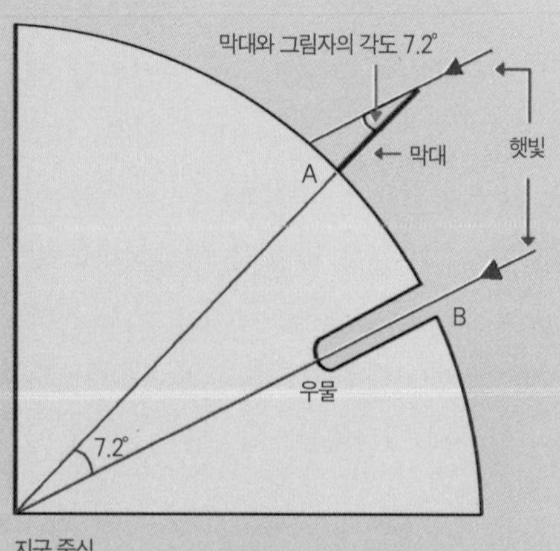

기본 가정

1. 지구는 완전한 구형이다.
2. 태양광선은 평행이다.
3. 시에네와 알렉산드리아는 같은 경도상에 있다.

원리 설명

A와 B 지점에서 각각 지구 중심으로 연결한 선이 이루는 각은 7.2도이다. 이것은 평행으로 내리쬐는 햇빛에 의해 '막대와 그림자의 각도' 와 같은 수치가 되기 때문이다.

또 7.2도는 완전한 원(360도)의 1/50이므로, A와 B 사이의 거리는 전체 원 둘레의 1/50이 되는 것이다. 따라서 A와 B 사이의 거리만 알면 지구 둘레를 계산해낼 수 있다.

타임머신 칼럼

'베타' 에라토스테네스가 최고인 이유

에라토스테네스는 아테네에서 수학과 자연학을 공부하고, 40세가 될 무렵 이집트 왕 톨레미 3세의 초청으로 알렉산드리아로 간다.

그 후 그는 알렉산드리아 무세이온의 도서관장으로서, 거의 모든 분야를 섭렵하는 학자로 이름이 났다. 천문학, 수학, 지리학, 역사학, 철학, 문헌학, 문법, 연대기 등에 이르기까지 그의 관심은 그 경계가 없었다.

그런 그에게는 늘 '베타' 라는 별명이 따라다녔다고 한다. 그 이유에 대해서는 재미있게도 서로 상반되는 주장이 엇갈려 전해지고 있다.

우선 그 많은 관심분야 중 어느 것 하나 1인자가 되지 못하고 '2인자' 였을 뿐이라는 것이다. 이것저것 연구 · 노력한 분야는 많았지만 그 어떤 분야에서도 최고가 되지는 못했다는 것이다. 그래서 그를 5종 경기의 챔피언인 '펜타슬루스(Pentathlus)' 에 비유하는 사람도 있다.

하지만 또 다른 한쪽에서는 '베타' 라는 별명은 플라톤 다음으로 박식하고 뛰어나다는 의미를 지닌다고 주장한다. 2인자라는 뜻의 베타일 리가 없다는 것이다.

베타라는 별명의 진실 여부를 떠나, 에라토스테네스가 지구의 둘레를 측정해낸 성과만큼은 2등이 아닌 최고라는 사실에는 그 누구도 이의를 제기하지 못할 것이다.

에라토스테네스의 관측결과는 천문학 발전에 중요한 계기가 되었다. 그 전까지는 지구에서 천체 사이의 거리나 천체의 크기를 정확한 수치가 아닌, 비례식을 이용해서 '무엇이 무엇의 몇 배' 정도로만 파악했을 뿐이다.

따라서 에라토스테네스가 구체적인 수치로 계산해낸 지구 크기에 의해 그

전에 비례값으로만 알려진 여러 값들이 하나씩 자신만의 고유 값을 가지게 되었다.

달과 태양의 크기 역시 이것으로써 계산이 가능했다. 월식을 통해 달의 지름이 지구 지름의 4분의 1 정도라는 것과 아리스타르코스가 알아낸 것처럼 달이 태양의 19분의 1 정도(실제로는 약 400배이지만)라는 것은 이미 알려져 있었다. 그래서 지구의 크기를 알게 되니 달이나 태양의 크기 역시 계산해 낼 수 있었던 것이다.

그 수치들은 지금에 와서 볼 때 정확히 맞지는 않지만 원리와 방법은 모두 옳았다. 게다가 에라토스테네스가 측정한 지구의 둘레는 25만 스타디아(46,250km)로, 현대 과학으로 측정한 값 40,008km와 오차가 결코 크지 않다.

바로 이런 이유로 에라토스테네스가 천문학사에 있어서 매우 중요한 전환점을 마련했다는 평가를 받는 것이다.

그러고 보면 에라토스테네스의 베타라는 별명은 2인자의 의미보다는 플라톤 다음으로 박식하고 뛰어나다는 의미 쪽에 무게를 두어야 하는 게 아닐까 한다.

새로 나온 책

에라토스테네스, 『지리학』

지리학의 새로운 지평을 열다

지구의 둘레를 측정해 화제가 된 에라토스테네스의 저서 《지리학 Geographica》이 모두 3권으로 출간되었다. 에라토스테네스는 이 책에서 지리학의 역사와 수리지리학에 대한 자세한 설명과 더불어 각 나라의 자연 및 인문현상을 상세히 기록하고 있다. 또 지도 작성법과 그에 필요한 자료도 포함시켰다. 특히 주목되는 점은 지리상의 위치를 위도와 경도로 표시한 것이다. 이것은 지구를 가로와 세로로 나누는 선을 가정하여 위치를 표시하는 것인데, 그가 처음 시도한 방법이다.

그는 지리학의 대가답게 최초의 세계지도를 만들기도 했는데, 아낙시만드로스와 헤카타이오스의 방법을 발전시켜 대지를 7개의 띠로 분할하여 지도를 작성했다고 한다.

명사 인터뷰 지구의 둘레 최초로 측정, 에라토스테네스

그림자의 길이에서 구한 지구의 둘레

축하드립니다. 세계 최초로 지구 크기를 측정해내는 쾌거를 이루셨는데, 지금 심정은 어떠신가요?

"감사합니다. 저의 학문적 호기심과 사명감이 이런 결과를 가져온 것 같습니다."

어떻게 지구의 크기를 재보겠다는 생각을 하셨는지 무척 궁금합니다. 어찌 보면 황당무계한 시도라고 할 수도 있었을 텐데요.

"직접적인 계기는 파피루스에 있습니다. 그 파피루스에 하짓날 정오가 되면 시에네에서는 우물 바닥에 태양빛이 비춘다는 내용이 나와 있더군요. 수직으로 세워둔 막대기에도 그림자가 생기지 않고요. 그 내용이 저에게는 굉장한 호기심을 불러일으켰던 거죠."

그 내용의 사실 여부를 직접 확인해 보신 것이 연구의 계기가 된 거군요?

"그렇습니다. 그리고 제가 있는 알렉산드리아와 비교해 보고 싶었지요."

결과는 어땠습니까?

"당연히 달랐지요. 그 차이가 바로 지구의 크기를 측정할 수 있는 핵심이 되었습니다. 하짓날 정오를 기다려 시에네를 관찰하니 과연 책의 내용대로 수직으로 세운 막대기에 그림자가 생기지 않았어요. 건물의 돌기둥에도 그림자가 생기지 않더군요. 그런데 비교 관찰한 알렉산드리아에서는 길이가 짧아지긴 했어도 시에네처럼

그림자가 아예 없는 건 아니었어요. 시에네는 하짓날 태양이 수직으로 내리쬐어 그림자가 생기지 않았지만, 알렉산드리아는 태양광선이 약 7.2도 기울어져서 내리쬐는 것을 알게 되었어요. 그때부터 깊은 고민이 시작되었지요."

아무도 생각지 못한 것을 발견하신 거네요. 고민을 거듭한 끝에 원인을 찾으셨나요?

"예, 그것은 아주 놀라운 것이었습니다. 바로 지구가 둥글다는 사실이죠! 지구가 둥글기 때문에 지구에 닿는 태양빛이 평행이어도 각기 그림자가 다르게 나타난 거예요. 지구가 평평하다면 지구 어디에서나 그림자가 똑같이 생겼다 똑같이 사라질 테니까요."

시에네와 알렉산드리아가 같은 경도상에 있는 것으로 전제하고 실험하셨다고 했는데, 경도란 무엇입니까?

"저는 지도를 작성할 때 경도와 위도라는 것을 두었습니다. 경도는 지구를 세로로 나누는 선을 의미하고, 위도는 가로로 나누는 선을 의미해요. 지구는 거의 공과 같이 둥글게 생겼기 때문에 위도가 0도인 적도에서는 둘레가 가장 크고, 위도를 올리거나 내리면 둘레가 점점 작아져서 북극이나 남극에 이르렀을 때는 0이 되어 버리죠. 바로 그 둘레를 360으로 나눈 것이 경도입니다."

그럼 시에네와 알렉산드리아가 같은 경도상에 있다는 것은 시에네에서 곧장 북쪽으로만 가면 알렉산드리아에 다다른다는 말이 되겠군요.

"그럼 셈이지요."

그리고 시에네와 알렉산드리아에 내리쬐는 태양광선의 각도 차이만으로 지구의 둘레를 계산했다고 들었습니다.

"그보다 먼저 알아야 할 게 있어요. 바로 알렉산드리아에서 시에네까지의 거리지요. 미리 사람을 시켜 알아보니 약 5,000스타디아(925km) 정도였어요. 그 두 값을 알면 간단한 식으로 지구의 둘레를 알아낼 수 있지요.

7.2 도 : 360도 = 5000스타디아 : 지구 둘레(*1스타디아 = 185m)

이것을 계산하면 지구의 둘레는 25만 스타디아(46,250km)라는 결론이 나옵니다."

와, 정말 간단한 식 하나로 지구 둘레를 계산해내셨군요. 저는 계산이 매우 복잡할 것으로 예상했는데, 원리가 너무도 간단해서 놀랐습니다.

"과학은 복잡한 것이 아니에요. 특별히 똑똑한 사람만 할 수 있는 것도 아니지요."

알렉산드리아 무세이온 기획전시

"그리스 - 헬레니즘 조각대전"

동양과 서양이 만나 탄생한 헬레니즘 문화의 진수!
"그리스- 헬레니즘 조각대전"이 여러분을 초대합니다.
살아 있는 신화의 감동을 느껴 보세요.

헬레니즘 조각의 백미, 라오콘 군상
이 조각상은 트로이 사제 이야기의 마지막 부분을 보여 주고 있다. 그 사제는 트로이 목마의 계략을 국민들에게 알렸다는 이유로 아테나의 저주를 받아 끔직한 죽임을 당한다.

헬레니즘 시대 가장 뛰어난 조각, 사모트라케의 니케
'승리의 여신상' 으로도 불리는 이 조각상은 원래 에게 해 북쪽 사모트라케 섬의 언덕 위에 서 있었다. BC 190년경 로도스 섬의 유다모스가 안티오코스 대왕(BC242~187)이 이끄는 시리아군과의 해전에서 승리한 것을 기념해 제작했다.

히파르코스

별의 밝기 최초 측정

BC 150년경

- 프톨레마이오스, 천동설 집대성(150년경)
- 갈레노스, 해부학과 생리학 연구(2세기경)
- 연금술 유행 시작(2세기경)

밝기에 따라 별의 등급 매겨 정리

새로운 별의 출현 계기로 체계적인 천문 관측 5년간의 노력 끝에 기념비적인 업적

천체 관측의 달인으로 알려진 히파르코스(BC 190~120년)가 최초로 별의 밝기를 측정, 등급을 매기는 과업을 달성했다. 그는 총 1,080개의 별들을 관측하고 밝기에 따라 모두 6개의 등급으로 나누었는데, 이때 가장 밝은 별이 1등급이다. 나아가 그 중 850개의 별에 대해서는 경도와 위도로 표시한 별지도도 완성했다. 이 같은 체계적이고 조직적인 천문 관측으로 히파르코스는 천문학의 새로운 장을 열었다는 평을 받고 있다.

그의 이번 성과는 5년이 넘는 세월과 끈질긴 노력의 결과였다. 그는 5년 전(BC 134년) 알렉산드리아의 하늘에 새로운 별이 출현한 사건을 계기로 본격적이고 체계적인 별 관측을 시작했다고 한다. 당시 새로운 별의 출현은 아리스토텔레스의 우주관을 따르던 많은 사람들에게 충격을 주었다. 많은 학자들은 오랫동안 아리스토텔레스의 천상 세계는 영원히 불변한다는 그의 우주관을 정설로 받아들였기 때문이다.

따라서 새로운 별의 출현은 충격과 혼란을 안겨 줌과 동시에 천문학의 새로운 장을 여는 계기가 되기도 하였다. 많은 학자들이 새롭게 천문 관측에 도전하였고 그에 따라 새로운 연구결과가 속속 발표되었기 때문이다.

히파르코스 역시 그것을 계기로 체계적인 천문학의 필요성을 절실히 느꼈다고 밝혔다. 그 후 그는 5년 동안 고향 로도스 섬에서 꾸준히 별을 관측했고, 결국 별에 등급을 매기고 별지도까지 완성하는 성과를 낳기에 이른 것이다.

그가 특히 높이 평가받는 이유는 관측에 앞서 이제까지의 천문학 연구성과를 두루 섭렵했다는 데 있다. 도서관에 파묻혀 그리스와 바빌로니아 천문학 도서들을 면밀히 조사하고 종합한 토대 위에 자신만의 천문학 세계를 수립함으로써 어느 누구도 이의를 제기하지 못하는 것이다.

새로 나온 책

한나라의 황족 유안, 백과사전식 저술 『회남자』

한나라를 건국한 고조(유방)의 손자인 유안(BC 179~122)이 평소 가까이 지내는 학자들과 함께 백과사전식 저서인 『회남자』(전21권)를 펴냈다. 중국에서는 재산가나 권력가들이 여행 중이거나 가난한 학자들에게 숙식을 제공하는 경우가 많은데, 화남 지방의 왕인 유안 역시 수많은 학자들을 식객으로 대접하고 있었다. 그리고 이들 가운데 일부가 이번 『회남자』 집필에 참여했다고 한다.

이 책에는 중국에서 유명한 도가의 우주론을 담고 있으며, 음양오행설을 바탕으로 동양의 별자리 28수가 모두 기록되어 있다. 동양에서는 네 방위에 각각 7개의 별자리를 두었는데, 이것이 바로 28수이다. 이밖에도 형이상학, 천문학, 지리학을 비롯해 일반 정치학에서 병법, 처세술까지 기록하고 있다.

하지만 가장 많이 알려진 것은 이야기를 통해 인생을 사는 지혜를 가르치는 <인간훈> 편인데, 여기에는 인생에서는 기쁜 일과 슬픈 일이 반복되어 일어날 수 있으니 거기에 너무 얽매이지 말라는 '새옹지마' 등의 이야기가 실려 있다.

타임머신 칼럼

과학의 역사는 곧 전쟁의 역사

사람이 태어나서 환경의 영향을 받으며 성장하고 변화하는 것처럼 과학 역시 성장과 변화를 거듭해 왔다.

밀레토스에서 합리적인 사고라는 의미에서 과학이 태동하던 때의 화두는 '변화' 였다. 즉 우주의 기원과 근본 물질, 그리고 그 변화에 관한 다양한 생각과 연구들이 집중적으로 이루어졌다.

그 후 BC 5세기에 이르러 그리스의 민주정치와 문화가 쇠퇴기에 접어들자, 학자들은 인간의 삶으로 관심을 되돌리기 시작한다. 당시에는 모두 철학자로 불리던 이들이 자연을 연구하는 과학자로서가 아닌, 그야말로 철학자로서 삶을 조명하는 데 역점을 둔 것이다. 이때 가장 두각을 나타낸 학자는 바로 플라톤과 아리스토텔레스이다. 그리고 그와 더불어 삶의 질서를 다룬 윤리, 정치학 등의 학문이 생겨났다.

전쟁 역시 역사의 흐름을 급격히 변화시켰다. BC 431~403년까지 아테네와 스파르타 사이에 벌어졌던 펠로폰네소스 전쟁은 그리스의 패망과 함께 그리스 과학의 쇠퇴를 불러 왔다. 또 BC 4세기경 알렉산더 대왕의 동방전쟁은 페르시아와 이집트, 나아가 그리스까지 통합한 대제국을 세움으로써, 그리스와 오리엔트 문화가 융합된 헬레니즘 문화를 일으켰다.

과학도 예외는 아니었다. 사변 속에서 맴돌던 그리스의 전통을 버리고 응용과 실용 학문이 주를 이루는 데 중요한 전환점을 맞이한 것이다. 이러한 배경 속에서 헬레니즘 과학은 더 이상 철학에 기대지 않고 특정한 과학분야를 실증적으로 연구하는 학문으로 변화하게 되었다.

한편 과학을 태동시켰던 그리스에서는 자연과 사회에 대한 관심보다는 개인적인 근심과 두려움에서 벗어나는 것에 더 많은 관심을 갖게 되면서 에피쿠로스 학파나 스토아 학파와 같은 현실도피적인 철학이 유행하기도 하였다.

별의 밝기를 이용한 분류법

티코 브라헤를 제외하고 인류 역사에서 최고의 천문 관측학자를 꼽으라고 하면 많은 사람들이 히파르코스를 떠올린다. 그는 로도스 섬에 관측소를 세우고 1,080개의 별을 관찰해, 그 위치를 위도와 경도로 표시하고 항성표를 작성했다. 로마의 항성표에 실려 있는 1,022개의 항성 중 850개는 그가 발견한 별들이다. 그는 밝기에 따라 별을 6등분하였는데, 가장 밝은 별을 1등성으로 하고 맨눈으로 간신히 볼 수 있는 가장 희미한 별은 6등성으로 정했다.

후에 천문 관측기구가 발달하면서 1등성은 6등성보다 약 100배 더 밝은 것으로 밝혀졌다. 하지만 이 분류법은 지금도 일부 사용되고 있다. 그와 더불어 맨눈으로 볼 수 없었던 어두운 별이 망원경을 통해 관측되면서 0등급뿐만 아니라 음의 값을 가지는 등급을 새로 정하여 사용하고 있다.

사계절의 길이는 모두 같을까?

사계절의 길이가 같다는 편견을 버리자! 히파르코스가 새롭게 밝혀낸 사실이다. 그는 춘분점, 하지점, 추분점, 동지점 사이의 기간이 다르다는 사실을 발견, 사계절의 길이가 같지 않음을 밝혀냈다.

또한 그는 뛰어난 관측 실력을 이용, 1년 중 태양이 적도 위쪽에 있는 기간은 187일, 적도 아래쪽에 있는 기간은 178일임을 알아냈다. 이로써 태양 주위를 도는 지구의 공전궤도가 완전한 원이 아님을 밝혀낸 것이다. 이 사실을 근거로 달이 지구를 도는 궤도 역시 완전한 원이 아닐 것이라고 유추함으로써 일식과 월식을 예보했다.

특집기사 히파르코스에게 배우다

지구의 세차운동은 지구가 회전할 때 지축이 흔들려 생기는 현상

히파르코스, 춘분점이 바뀌었다는 데 착안

별의 밝기에 등급을 매기고 별지도를 완성한 히파르코스는 오랜 기간 동안 체계적으로 천문 관측을 해온 결과 지구의 세차운동을 밝혀냈다. 그는 BC 3000년경 이집트인들이 남긴 기록에서 당시에는 춘분점이 용자리 알파별이었다는 것을 알게 되었다. 그런데 BC 60년부터 지금까지 춘분점은 물고기자리이다. 히파르코스는 그 이유를 찾기 위해 끈질긴 관측과 계산을 했다.

그 결과 지구의 세차운동을 밝혀냈는데, 이것은 지구의 남극과 북극을 지나는 지구의 축이 하늘에 거대한 원을 그리면서 생기는 현상이다. 즉 세차운동이란 회전하는 물체가 이리저리 움찔거리며 흔들리는 현상을 가리키는 말로, 팽이를 떠올리면 쉽게 이해할 수 있다. 팽이의 도는 속도가 점점 늦어질 때 팽이의 축이 작은 원을 그리는 것을 볼 수 있는데 바로 이러한 현상을 가리키는 것이다.

세차운동으로 인해 지구는 1년에 15초 정도의 각도로 다른 별자리보다 늦게 돌며 72년에 1도 정도 역행한다고 한다. 이에 따르면 지구의 북극 축이 북극성을 가리키는 주기는 25,920년이다. 흥미로운 사실은 플라톤 역시 이러한 현상을 알고 있었다는 것이다.

지금도 마찬가지지만 고대 이집트와 메소포타미아에서는 별이 뜨고 지는 것을 매우 중요하게 생각했다. 특히 고대에 새해의 시작으로 여긴 춘분은 12궁 중 하나의 별자리와 연결되어 정확한 시점이 결정된다. 세차운동의 결과 춘분을 비롯한 다른 천문 현상들은 매년 조금씩 늦어져 하나의 궁에서 다른 궁으로 넘어가는 데 2,160년이 걸린다. 예를 들면 BC 60년부터 지금까지 춘분점은 물고기자리이지만 2100년에는 물병자리일 것이라는 말이다.

참고로, 춘분점은 천구의 적도와 황도가 만나는 두 점 가운데 태양이 적도의 남쪽에서 북쪽으로 통과할 때의 점을 말하는데, 천체의 위치를 나타내는 기준점이 되기도 한다. 태양이 춘분점을 지날 때의 위치는 적경, 적위, 황경, 황위가 모두 0도이다. 또 춘분점을 기준으로 한 태양의 공전주기는 365.2422일이며, 이를 태양년(太陽年)이라고 한다.

특별 탐방

히파르코스가 사랑한 로도스 섬을 가다

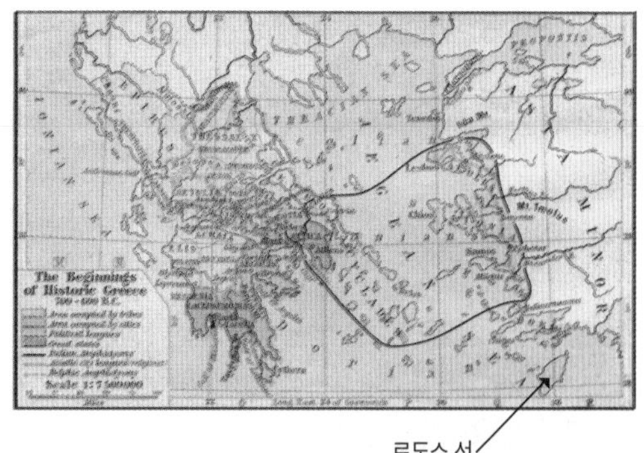

히파르코스를 천체 관측의 달인으로 길러낸 곳 로도스 섬은 터키 남서부 에게 해 남동부에 위치해 있다. 히파르코스는 니케아에서 출생했지만 로도스 섬에서 왕성한 활동을 펼쳤으며, 조용히 죽음을 맞이한 곳도 바로 이곳이다. 아름다운 경관으로 많은 여행객이 연중 끊이지 않는 로도스 섬은 '12개의 섬' 이라는 뜻의 도데카니소스 제도에서 규모가 가장 큰 섬으로 지중해 무역의 중심지이다.

로도스 섬의 항구에는 한때 BC 285년에 세워진 30미터 높이의 거대한 동상이 서 있었는데, BC 225년에 있었던 지진으로 무너졌다.

섬을 둘러볼수록 별자리를 연구하던 히파르코스가 생애의 대부분을 보낼 만한 멋진

곳이라는 생각이 들었다. 맑은 하늘과 끝없이 펼쳐진 진주빛 바다는 그에게 별자리는 물론 과학연구에의 영감을 제공하였으리라. 제2, 제3의 히파르코스가 이곳 로도스 섬에서 탄생되기를 바란다.

제자와 함께 한 히파르코스의 말년

왕성한 활동을 하던 히파르코스지만 노후에는 제자 포세이도니오스와 함께 로도스에서 은둔생활을 했다고 전해지는데, 이로써 그의 천문학은 제자 포세이도니오스에게로 이어진다. 포세이도니오스는 히파르코스에게 배운 구면삼각법을 이용하여 지구의 크기를 새롭게 측정하는 성과를 올렸다. 로도스에서 알렉산드리아까지의 거리와 위도 차이를 이용하였는데, 그 결과 이전에 지구의 크기를 측정했던 에라토스테네스의 값보다 작은 18만 스타디아라는 결과를 얻었다. 이 측정치를 당대 최고의 천문학자로 꼽히던 프톨레마이오스가 채용함으로써 일반인들에게도 인정받았다. 히파르코스는 제자와 함께 로도스 섬에서 말년을 보내다가 그의 품에서 숨을 거두었다고 한다.

로도스 섬의 크로이소스 대거상

전차를 타고 있는 태양의 신 헬리오스의 모습

세계 7대 불가사의 중 하나

BC 305~304년 사이에 데메트리오스 폴리오르케테스의 오랜 포위가 풀린 것을 기념하기 위해 만든 거상이다. 이것은 태양의 신 헬리오스의 모습을 표현한 것인데, 주재료는 청동이고 철로 보강하고 돌로 무게를 더하여 만들어 항구에 세웠다고 한다,

거상을 만드는 데 12년이 걸렸다고 하고, 거기에서 나온 청동 조각이 낙타 900마리로도 실을 수 없을 정도라고 하니 그 규모를 짐작할 수 있다.

프톨레마이오스

천문학 집대성

150년경

- 연금술이 유행하기 시작(2세기경)
- 웨스우이우스, 세계의 지도 작성(150년경)
- 갈레노스, 해부학과 생리학 연구(2세기경)

천동설에 의한 천체운동 집대성

천문학의 완결판 『알마게스트』
아랍인들 '가장 위대한 것' 이라고 찬사

당대 최고의 천문학자 프톨레마이오스(85~165년)가 쓴 『천문학 집대성』(전 13권)이 아랍어판으로 출간되어 큰 호응을 얻고 있다. 그 동안의 천문학 이론과 자료를 종합, 정리하여 지구 중심의 천체 모형을 체계적으로 설명하고 있는 이 책의 아랍어판 제목은 『알마게스트』. 이는 '가장 위대한 것'이라는 의미이다. 책이 번역 출간된 후에 아랍인들이 원제목 대신 이런 제목을 붙인 것인데, 이는 이 책이 아랍인들에게 일으킨 반향을 가늠하게 한다. 그의 저서는 서양은 물론 아랍에서도 '천문학의 바이블' 로 통하고 있다.

『알마게스트』의 핵심적인 내용은 천동설(지구 중심설)로서, 히파르코스가 관측한 내용과 이론에 영향을 받아 천동설을 수학적으로 잘 표현하고 있다. 프톨레마이오스는 지구가 우주 한 가운데에 움직이지 않고 고정되어 있으며, 공 모양의 모든 천체는 지구 주위를 원형 궤도로 돌고 있다고 주장하였다. 학계에서는 이것을 '프톨레마이오스 체계' 라고 부른다(뒷면 그림 참조).

그가 정리한 이 우주 체계는 이제까지의 천문학적 관측결과에 가장 잘 들어맞는 것으로, 앞으로의 천체 움직임을 예상하는 데에도 매우 유용할 것이라는 전망이다.

나아가 일반인들이 받아들이기에도 무리가 없는 이론으로 평가되고 있다. 많은 사람들이 믿어 의심치 않는 아리스토텔레스의 우주관과 잘 들어맞을 뿐만 아니라 아리스토텔레스가 설명하지 못한 부분까지 밝혀냈기 때문이다.

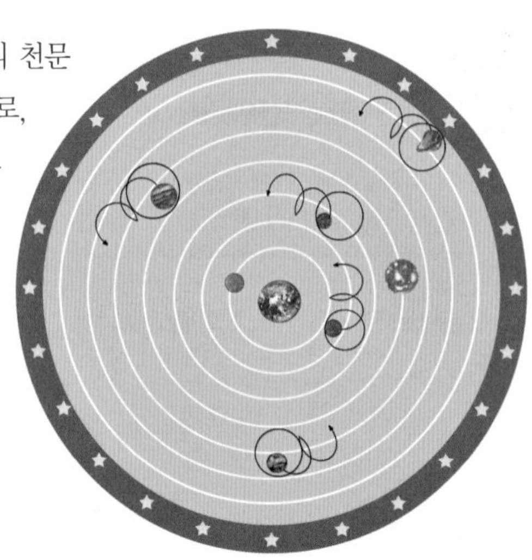

우주 중심에 지구가 있으며 그 주위를 모든 천체가 회전한다. 항성은 가장 바깥쪽에 있고 1일 1회전한다. 각 행성은 주전원 주위를 회전하며 각 주전원의 중심은 지구를 중심으로 한 원주 위를 돈다.

『알마게스트』가 크게 주목받음에 따라 그의 또 다른 저서들도 유명세를 타고 있다. 그가 집필한 점성술에 관한 책 『테트라비블로스(사원의 수) Tetrabiblos』 역시 아랍에서 큰 인기를 얻고 있으며, 지리학 저서인 『지리학』도 주목받고 있다.

플리니우스의 『박물지』 표지

타임머신 칼럼

점성술과 연금술, 신비주의 종교 성행

과학마저 비이성적 신비주의 쫓아

프톨레마이오스가 활동하던 이 시기는 로마 통치기로 들어설 때로, 당시 사람들은 국가가 아닌 종교에 더욱 의지해서 삶을 지탱해 갔다. 로마 위정자들의 경제적 수탈과 정치적 압박을 종교를 통해 위안받고자 한 것이다. 이러한 사람들의 심리를 이용, 로마제국 곳곳에는 신비주의적인 종교들이 활개를 쳤다. 이들 종교들은 한결같이 인간과 현세의 나약함을 강조하고 내세에서의 영원한 행복을 얻기 위해 현실의 일은 외면할 것을 가르쳤다.

이러한 배경을 바탕으로 심지어 과학까지도 신비적이고 비이성적인 흐름을 쫓았다. 플라톤주의나 신피타고라스주의를 표방하는 유력 철학자들도 자신들의 이론에 신과의 신비적인 결합을 포함시키고, 심지어 마술과 같은 비이성적인 수단을 사용하기도 했다. 사회 곳곳에는 점성술과 연금술이 크게 확산되고, 신비주의적 저술인 '헤르메스' 문헌이 방대하게 유포되기도 했다. 헤르메스 문헌은 헤르메스 트리스메기스투스가 100~300년 사이에 그리스어로 쓴 저술로, 점성술과 연금술, 신비한 과학적 지식을 다루었다.

과학을 비롯한 대부분의 학문이 고대에서 중세로 접어들면서 쇠퇴기를 맞이했다. 고대에 쌓은 과학의 산물이 중세에 발전을 거듭하지 못하고 쇠퇴한 이유는 무엇일까? 고대 과학이 시작되었던 그리스의 아테네는 문화의 중심지였다. 그런데 그리스 북쪽 마케도니아의 알렉산더 대왕이 그리스를 포함한 지중해 연안을 정복하면서 문화의 중심지는 아테네에서 이집트의 알렉산드리아로 옮겨가게 된다. 알렉산드리아로 무대를 옮겨 꽃피웠던 그리스 과학은, 로마시대에 들어와 쇠퇴의 길을 걷기 시작했다. 군사 정복자였던 로마인들은 현실적인 문제에 대처하는 능력은 뛰어났으나, 추상적인 사고나 순수 과학에는 별 관심이 없었기 때문이다. 그리스인들은 이집트에서 배운 토지 측량술을 순수기하학으로 발전시킨 반면, 로마인들은 실용적인 계산과 측량에 만족했다.

그래서 로마시대에는 정복한 영토를 효과적으로 다스리기 위해 도로나 다리, 수로 등을 건설하는 기술은 매우 발전했지만 순수한 과학이나 학문은 정체되거나 쇠퇴하는 결과를 가져왔던 것이다.

더불어 로마시대에는 로마 교회의 세력이 강성해지면서 종교가 사회 전반을 지배하는 구조를 가지게 된다. 과학도 종교에서 자유로울 수 없었다. 과학이 종교의 심판을 거쳐야 하는 사회적 배경으로 인해 중세의 유럽은 학문과 문화의 암흑기라고 불린다.

카이사르, 율리우스력 채택

로마제국 내 역법 통일

율리우스 카이사르(시저)는 로마제국 내에서 사용되는 여러 역법을 하나로 통일시켰다(BC 45년). 이집트 원정에 나선 카이사르는 그곳의 역법이 간단하면서도 편리하다는 것을 발견하고, 그것을 기준으로 새로운 역법을 발표했다. '율리우스력' 이라 부르는 이 새로운 역법은 계절의 변화와도 일치하여, 그 동안의 역법이 갖는 오차와 그 때문에 발생하는 불편을 해소할 수 있을 것으로 기대된다.

새로운 율리우스력은 1년을 365일로 하되 4년에 한 번씩 윤년을 두어 이 해는 366일로 하며, 춘분을 항상 3월 25일로 정하였다.

『알마게스트』 표절과 도용 주장

"과학을 배신한 비양심적 학자"라고 비난

프톨레마이오스의 『알마게스트』가 유명세를 타는 가운데 일부 학자들에 의해 그의 저서가 표절과 도용으로 이루어졌다는 주장이 제기되어 충격을 주고 있다. 그들은 프톨레마이오스가 자신의 관측결과라고 제시한 데이터 중의 많은 부분이 히파르코스의 관측결과를 그대로 도용 혹은 표절한 것이라고 주장했다.

그들은 더욱 문제 되는 것은 프톨레마이오스의 비양심이라며, 히파르코스의 관측자료들을 그대로 사용하면서도 마치 직접 관측한 것인 양 거짓말을 했다고 목소리를 높였다. 그들은 프톨레마이오스가 과학자로서의 양심을 버렸다고 강하게 비난하는 성명을 발표하기도 했다.

불안하십니까? 일이 잘 안 풀리십니까?

'점성술사 헤르메시스'를 찾아오십시오.

고대 바빌로니아와 중국의 점성술을 모두 터득한 국내 유일의 점성술사!
그가 여러분의 앞날을 점쳐 드립니다.
미래를 알면 준비할 수 있습니다.

특집기사

뿌리 깊은 '천체 원운동'의 역사

플라톤 · 아리스토텔레스에서 시작
천동설 · 지동설 학자 모두 원운동에는 동의
프톨레마이오스에 이르러 천체 움직임 예측 가능

프톨레마이오스가 발표한 천동설의 핵심은 모든 천체가 지구를 중심으로 '원운동' 한다는 것이다. 천체의 원운동을 최초로 주장한 사람은 고대 최고의 과학자로 인정받았던 플라톤과 그의 제자 아리스토텔레스이다(기원전 4세기).

플라톤은 모든 천체가 지구를 중심으로 원운동을 한다고 주장하였다. 원은 가장 단순하면서도 가장 완전한 형태라는 것이다. 그의 제자 아리스토텔레스 역시 스승의 주장에 전적으로 동의하였다(기원전 350년). 특히 그는 처음과 끝이 없는 완벽한 형태의 원이 완전한 천상세계의 운동 형태로 가장 적합하다고 설명했다.

지동설(태양 중심설)을 최초로 제창한 아리스타르코스를 비롯해 많은 지동설을 주장하는 학자들도 천체가 원운동을 한다는 데에는 동의했다(기원전 280년). 가장 자연스럽기 때문이라는 것이 그 이유이다.

그러나 단순한 원운동만으로는 실제 관측 사실을 표현할 수 없는 문제가 발생

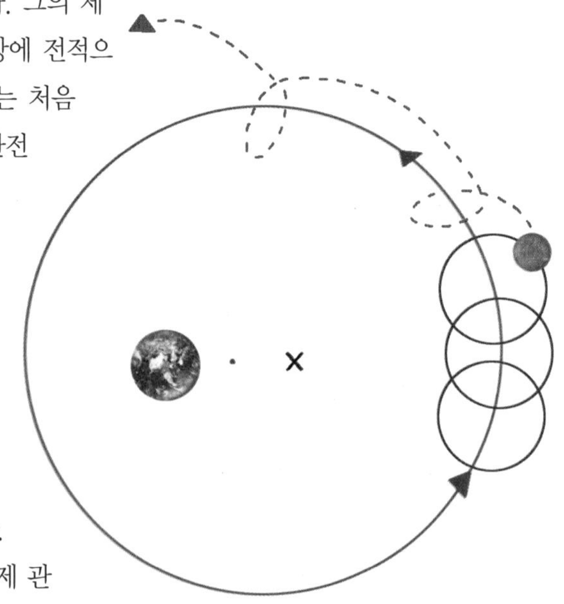

원운동을 설명하는 이심원과 주전원

했다. 행성들이 늘 같은 방향으로만 도는 것은 아니기 때문이다. 어떤 때는 멈추어 있는 것 같기도 하고, 심지어는 방향을 바꾸어 거꾸로 도는 것처럼 보이기도 한다.

천동설과 천체의 원운동에 절대적인 믿음을 가진 학자들은 그러한 현상을 설명할 수 있는 각종 원운동 이론을 만들어냈다. 여러 개의 원운동을 조합해서 복잡한 체계를 만들어낸 것이다. 그리고 이들 대부분은 행성들이 우주 공간의 어떤 점을 중심으로 원운동을 하면서 다시 지구를 중심으로 돌고 있다는 데 동의했다.

여러 개의 원운동을 조합하기 시작한 것은 플라톤의 제자 에우독소스로서 그는 행성들의 불규칙한 움직임까지 모두 설명할 수 있는 원운동의 모델을 만들어 냄으로써 과학적 우주상의 기초를 마련해 놓았다. 그에 따르면 태양, 달, 행성들이 지구를 중심으로 원운동을 함과 동시에 제각각 원운동을 한다는 것이다. 그러니 지구에서 볼 때는 행성들의 움직임이 불규칙하게 보일 수밖에 없다는 것.

히파르코스 역시 여러 원운동이 있다고 생각했는데, 그에 따르면 천체들은 크고 작은 각각의 궤도를 따라 운동한다(기원전 150년). 그 중 가장 큰 원운동의 중심은 지구가 아닌 지구에서 떨어진 곳에 있고, 그는 이 원을 지구와 중심이 다른 원이라는 의미로 '이심원' 이라고 불렀다. 그리고 이심원 위의 어떤 지점을 중심으로 이루어지는 작은 원운동을 '주전원' 이라고 했다.

천동설을 완성시킨 프톨레마이오스는 이처럼 오랜 역사를 가진 원운동에 관한 이론을 집대성했다고 말할 수 있다. 그는 히파르코스의 주장을 좀더 다듬어서 이심원과 주전원에 '대심' 이라는 또 하나의 중심점을 만들어냈다.

프톨레마이오스는 원의 크기나 원운동의 속도 등을 알아내려고 관측자료들을 검토한 결과 이심원과 주전원만으로는 천체의 운동을 완벽하게 설명할 수 없다는 결론을 내렸다. 행성들의 위치나 일식 · 월식 따위를 예측할 수가 없었기 때문에 '대심' 이라는 또 하나의 중심점을 만들어낸 것이다.

대심이란 지구의 중심과 떨어져 있고 이심원의 중심과는 또 다른 중심이다. 이로써 그의 원운동 모델은 복잡하긴 하지만 천체의 움직임을 예측하게 해주는 정확한 모델이라는 평을 받게 되었다.

플리니우스, 『박물지』(총 37권) 출간

백과사전식 저술 봇물

로마시대에 들어서면서 백과사전식 저서들이 크게 유행하고 있는 가운데, 플리니우스가 펴낸 『박물지』가 그 열기를 더욱 고조시키고 있다. 플리니우스는 총 37권으로 이루어진 『박물지』에 500명에 이르는 그리스 · 로마 저술가들의 저서 2,000권의 방대한 지식들을 정리하였다.

그는 자신이 수집한 지식과 직접 관찰한 내용들을 천문학, 지리학, 동물학 등 모든 과학 분야에 걸쳐 자그마치 2만 건의 항목으로 분류, 상세하게 해설하고 있다. 제1권에는 자료의 출처를 따로 밝히는 꼼꼼함을 보이기도 하였다.

그는 금번 『박물지』 출간으로 최고의 자료 편집가로 인정받는 한편 지식을 비판적으로 검토하는 학자적 자질을 찾아볼 수 없다는 혹평을 받기도 하였다. 자신이 읽은 내용을 무조건 책에 포함시켰다는 것인데, 예를 들어 동물학 분야에 불사조와 같은 상상 속의 동물을 현존하는 동물과 같은 비중으로 싣는 등 학문적 저서로 인정하기 힘든 부분이 지적되고 있다.

또한 플리니우스의 『박물지』를 비롯한 백과사전식 저서가 유행처럼 출간되고 있는 현재의 출판 동향을 두고 일부에서는 염려스러운 비판을 내놓고 있다. 그리스의 과학을 받아들이는 과정에서 그 정신은 이해하지 못하고 내용만을 맹목적으로 받아들이려 한다는 것. 그 어느 때보다도 책의 출간이 활발하게 이루어지고 있지만 짜깁기식 백과사전이 아닌 독창적인 과학 저서의 출간이 이루어져야 한다는 목소리가 높다.

오컴

'오컴의 면도날'로 아리스토텔레스에 도전

14세기

- 유리거울 발견(13세기경)
- 이븐 시나의 『의학정전』 간행(1476년)

"불필요한 가정이나 전제는 모두 버려라!"

신학적 우주관에 맞선 근대사상의 투쟁

"적은 가정으로도 설명할 수 있는 것을 많은 가정을 동원해서 설명할 필요가 없다." 이른바 '오컴의 면도날'로 불리는 원칙이다. 영국의 철학자이자 프란체스코회 수도사인 윌리엄 오브 오컴(1285~1349년)이 주장한 이 원칙은 논리적이지 않은 것은 무의미하기 때문에 '사유의 면도날'로 다 잘라내야 한다는 것이다. 오컴은 불필요한 가정이나 전제는 모두 버리고 몸통만 남겨 두는 것은 논리적이고 과학적인 사유의 기본 원리라고 주장했다.

오컴의 면도날은 사람들에게 급속히 회자되며 많은 사람들이 인용하고 있는데, 그에 따라 '설명은 단순할수록 훌륭하다'거나 '불필요한 가정은 늘어

놓지 마라' 등으로 바뀌어 사용되기도 한다. 심지어는 무신론자들의 "신의 존재를 가정하는 것은 필요치 않다"는 주장에까지 인용되기도 한다. 수도사인 오컴의 입장에서 볼 때 결코 웃어 넘길 일만은 아닐 것이다.

아리스토텔레스 과학에 정면 도전, 그러나…

오컴은 천구의 운동을 설명할 때 천사의 존재까지 거론할 필요는 없다며, '오컴의 면도날' 원칙을 수립하였다. 즉 아리스토텔레스와 신학이 만나 완성된 천구의 운동이 신의 주재하에 천사들에 의해 움직인다는 이론을 강하게 비판했다. 그러면서 아리스타르코스가 주장했던 지동설을 지지하고 나섰다. 그는 아리스토텔레스의 말대로 천체가 고귀하고 완벽해서 정지해 있는 것이라면, 지구는 천구보다 저급하기 때문에 자전하는 것이 맞다는 논리를 폈다.

그러나 아리스토텔레스 이론의 일부만을 수정하려는 그의 주장은 그다지 힘을 얻지 못하고 있는 상황이다. 아리스토텔레스의 세계관은 과학과 종교를 아우르는 종합적인 체계로 굳어진 지 오래이기 때문에 부분적인 수정 역시 좀처럼 허용되지 않는 분위기다. 일부 진보주의 학자들이 아리스토텔레스에게 끊임없이 도전하곤 했지만 그때마다 바위에 계란치기 식으로 좌절되곤 했었다.

종교계와 학계의 마찰만 불러올 뿐 별다른 성과가 없자, 심지어 새로운 시도 자체를 꺼리는 분위기 마저 팽배해 있다. 기독교 사회가 지속되는 한 아리스토텔레스의 과학은 혁명이 아니고서는 쉽게 무너지지 않을 듯하다.

사이언스툰 오컴의 면도날이 필요해!

특집기사

"지금은 실용적인 기술의 사회"

수레바퀴 쟁기 출시 기념 발명품 박람회 개최

신성한 노동으로 만들어진 각 분야의 새로운 문물이 모이는 '발명품 박람회'가 성황리에 열리고 있다. 로마 시대의 폐막과 함께 과학도 그 막을 내리는 것 같았으나, 대신 신문물의 유입으로 기술개발은 활발하게 이루어지고 있다.

지나간 그리스 사회가 과학 정신의 시대였다면, 현재의 기독교 사회는 실용적인 기술의 사회라고 평할 수 있을 것이다.

이번 박람회는 각 분야의 기술 수준을 확인하는 기회가 되고 있다. 남녀 노소를 불문하고 박람회장을 찾는 관람객이 늘어나고 있는 것은 바로 이 때문이다. 박람회에 전시된 물품은 의류, 농기구, 시계, 인쇄물, 화약, 나침반 등 거의 전 분야에 걸친 새로운 발명품들이다. 그 중 대부분은 튜턴 족과 함께 로마로 들어온 것이며, 그 외 외국에서 수입된 물건들도 다수 포함되어 있다.

관람객들에게 특히 인기가 높은 전시물은 이번 박람회의 주인공이기도 한 수레바퀴가 달린 무거운 쟁기이다. 지금까지 사용해 오던 로마식 쟁기는 가벼운 대신 땅에 박히는 깊이를 사람의 힘에 의존해야 하기 때문에 힘이 많이 들었고 땅이 잘 갈리지 않았다. 그런데 튜턴 족의 수레바퀴 쟁기는 수레바퀴로 깊이를 조절할 수 있어 힘 들이지 않고도 땅을 깊숙이 갈 수 있다는 장점이 있다. 대신 무게 때문에 가축을 이용해야 한다.

또한 물방아와 풍차 또한 많은 관람객들의 시선을 사로잡고 있다. 사람들의 발길을 붙잡는 또 하나의 전시물은 바로 기계 장치가 부착된 시계이다. 시계 기술은 빠른 속도로 발달하고 있어 특히 사람들의 관심을 모은다.

전시품들은 할인된 가격으로 판매되기도 하는데, 토가 대신 입는 양복바지와 올리브유 대신 요리에 사용할 수 있는 버터 등이 많이 팔려 나간다.

타임머신 칼럼

아리스토텔레스가 만든 생각의 독약

손영운 (과학저술가)

예수를 제외하고 서양 역사상 아리스토텔레스만큼 인간의 정신세계를 오랫동안 지배했던 사람은 없을 것이다. 아리스토텔레스는 2,000년이라는 긴 세월 동안 철학과 과학에서 독보적인 존재로 군림해 왔다. 그의 우주관이 중세 시대를 지배했던 기독교나 이슬람교의 교리와 잘 어울렸기 때문이다.

아리스토텔레스가 생각한 우주는 달을 기준으로 아래의 세계인 지상계와 그 위의 세계인 천상계의 두 세계로 나뉘어져 있었다. 그는 변화무쌍하고 불완전한 지구와 신성하고 영원한 하늘의 세계를 분리했다.

천상계는 제5원소, 즉 에테르라고 하는 색깔도 없고 냄새도 없고 보이지도 않는 완전한 물질로 이루어져 있고, 새로 생성되지도 파괴되지도 않는 신성한 세계로 일컬어졌다. 또한 그곳에는 행성과 별 등이 있고 밑에서 위로 올라갈수록 점점 신의 특성에 가까운, 영원한 생명의 세계가 펼쳐진다고 주장했다.

아리스토텔레스가 이와 같이 천상계의 존재를 말한 까닭은 우주를 창조한 최고의 신이 만든 하늘의 세계는 완전해야 한다고 믿었기 때문이다. 그러므로 아리스토텔레스는 지구를 오늘날처럼 우주의 한 부분으로 여길 수 없었다.

반면 인간과 동식물이 사는 지상계는 흙 · 물 · 공기 · 불, 4원소로 만들어졌으며 새로운 것이 만들어지기도 하고 없어지기도 하는 변화무쌍한 곳이라 여겼다.

이처럼 지상계와 천상계, 두 개의 세계로 나눈 아리스토텔레스의 우주관은 종교 지도자들과 일반인들의 절대적인 지지를 받으며 아주 오랫동안 서양 과학의 기본적인 틀로서 유지될 수 있었다.

그러나 인류의 과학 문명 발달이라는 큰 틀에서 보면 아리스토텔레스의 우주관은 심각한 악영향을 끼쳤다. 아리스토텔레스의 학문은 생각의 독약과 같은 역할을 하며 단단하고 거대한 성을 쌓아 자유로워야 할 인간의 정신세계를 구속했다.

오직 그의 학문만을 먹고 자란 학자들 때문에 인류는 2,000년이라는 아주 오랜 세월 동안 오로지 아리스토텔레스의 생각 테두리 안에 갇혀 더 이상 진보할 수 없었고, 우물 안 개구리처럼 생각하고 행동해야 했다.

그 결과 유럽의 중세 시대는 과학의 암흑기에서 씨름해야 했고, 사람들은 거짓된 세상에서 종교 지도자들이나 몇몇의 과학자들이 보여 주는 세계가 전부인 양 착각하며 살아야 했다.

아리스토텔레스라는 견고한 울타리를 벗어나기 시작한 것은 16세기 무렵부터다. 코페르니쿠스나 케플러 그리고 갈릴레이와 같이 뛰어난 몇몇 과학자들이 목숨을 걸고 그의 성을 허물기 시작한 것이 발단이었다.

특히 '움직일 수 있다고 생각되는 것은 모두 의심의 대상이다'라는 주장과 강연을 통해 아리스토텔레스의 자연철학에 반기를 들었던 조르다노 브루노와 같은 신학자는 신이 창조한 세상에 의심을 품었다는 이유로 종교 재판을 받아 참혹한 화형에 처해져 세상을 떠나는 희생을 치렀다.

이로 볼 때 한때는 완벽하다고 여겼던 아리스토텔레스의 학문도 생각의 독약이 될 수 있었던 것처럼 오늘날 우리 시대의 발달된 과학 문명도 어쩌면 그 같은 역할을 하고 있진 않은지 의문을 가져 볼 필요가 있다. 왜냐하면 진정한 과학 정신은 항상 의문을 품고 그에 대한 답을 찾는 데서 건강성을 지킬 수 있기 때문이다.

중세 유럽, 과학의 암흑기 벗어나려나

암흑기를 밝혀준 아랍의 책들

최근 유럽에서는 아라비아어로 된 과학서들이 잇따라 라틴어로 번역 · 출판되어, 과학 지식에 굶주렸던 유럽인들에게 큰 반향을 불러일으키고 있다. 특히 이슬람 본거지인 톨레도와 시칠리아가 유럽인 수중에 들어가자 아랍인이나 유태인과 손을 잡고 번역 사업에 뛰어드는 사람들도 많아졌다. 이들이 번역해 출판한 책으로는 프톨레마이오스와 아리스토텔레스, 유클리드 등 고대 그리스 학자들의 저서들이 대부분을 차지하고 있다.

로마 제국이 멸망한 이후 기독교가 사회의 중심으로 자리 잡으면서 유럽의 과학은 실용적인 기술의 개발과 백과사전식 지식을 넘지 못했다. 이러한 상황은 종교가 학문을 통제하고 있는 사회 분위기에서는 당연한 결과라는 인식이 널리 퍼지면서 더욱 악화되었다. 반면 아랍의 이슬람교는 기독교와 달리 과학과 교양에 호의적이고, 아랍의 수많은 학자들은 칼리프의 지원을 받으며 고대 그리스의 저서들을 번역하며 과학을 발전시켜 왔다.

한편 부작용도 지적되고 있는데, 아랍 문헌들은 그리스 저서를 아라비아어로 1차 번역한 책들로, 이것을 다시 라틴어로 번역하는 과정에서 원본의 내용을 심하게 왜곡하는 사례들이 늘고 있기 때문이다. 학자들은 이중 번역의 오류를 지적하며 그리스 원본을 직접 번역해야 한다고 주장하고 있으며, 일부에서는 아랍 책과 그리스 원본을 대조하려는 움직임도 일고 있다. 하지만 그럼에도 아랍의 책들이 유럽 사람들에게 과학에 대한 호기심과 지적인 흥미를 회복할 기회가 되고 있어 유럽이 암흑기에서 벗어날 날도 머지않았다는 전망이 나오고 있다.

오컴의 면도날이 변화시킨 토론 문화

12세기에 처음 대학이 들어선 이래 유럽에서도 고대 그리스에서처럼 토론 문화가 자리를 잡았다. 토론의 주제는 정말 다양한데, 심지어 여자들에게 영혼이 있는지, 바늘 끝에 천사들이 몇이나 올라설 수 있는지도 토론의 주제가 되었다. 이런 상황이 반복되면서 논쟁은 아주 복잡해졌고 그에 따라 그 근거도 아주 길고 복잡해졌다. 오컴에 의하면 이는 당연한 결과이다. 이런 주제들을 몇몇 근거만으로 설명하기란 힘들기 때문이다.

오컴의 면도날은 바로 이런 점을 도려내려 한 것이다. 윌리엄 오브 오컴은 토론에 참여한 사람들의 말은 듣는 사람들에게 편하고 이해하기 쉬워야 한다고 주장했다. 근거가 많고 복잡해야 어떤 사실이 증명되는 것은 아니라는 것이다. 오컴의 면도날이 유럽의 토론 문화에 새 바람을 불러일으킬 것으로 기대되고 있다.

오컴, 이단 혐의에 이어 수도사 지위 박탈

오컴의 과감한 사유와 주장은 학계에 적지 않은 파문을 일으켰다. 가장 위대한 중세 철학자라고 불리는가 하면, 근대적 세계관의 문을 열었다며 열렬한 지지를 받기도 했다. 그러나 프란체스코회에서 학문에 대한 열정으로 신학에 도전하는 당돌한 주장을 자주 펼침으로써 수도원은 그를 이단으로 교황청에 고발했다. 이 때문에 오컴은 교황청에 불려가 3년이란 긴 시간 동안 심의를 받아야 했다. 그러나 이단 혐의를 입증할 만한 단서는 발견되지 않았다.

하지만 결국 오컴은 수도사로서의 지위를 박탈당했다. 평소 수도사로서 청빈을 무엇보다 강조해 오던 그의 청빈주의를 재산을 점유하고 있던 교회 세력자들이 문제 삼고 나선 것이다. 학자로서나 수도사로서 평범치 않은 삶을 살고 있는 오컴, 앞으로 그의 행보에 귀추가 주목된다.

고려, 금속활자 발명으로 지식보급에 혁명 예고

종이와 금속활자, 그리고 그를 이용한 인쇄술은 지식의 보급과 발전에 엄청난 혁명을 가져올 것으로 보인다. 세계에서 가장 먼저 발명한 중국의 종이는 아랍을 거쳐 유럽으로 빠르게 확산되어 지식발전에 획기적인 기틀을 마련한 바 있다. 그런데 종이에 이어 금속활자가 발명되어 세계적인 이목이 집중되고 있다.

금속활자는 규격화된 개개의 활자들을 필요에 따라 조합해 어떤 문장이든지 만들어 인쇄할 수 있다는 이점 때문에 지식보급에 혁명을 일으킬 것으로 기대된다.

금속활자 발명의 선구는 고려이다. 고려는 세계에서 가장 먼저 목판 인쇄를 시작한 나라로도 알려져 있는데, 목판 인쇄술을 이용한 '무구정광 대다라니경'의 인쇄본은 고려 이전에 한반도에 있었던 신라가 석가탑에 소장하기 위해 만든 것이라고 전해진다.

그 후 고려 시대에 접어들어 세계 최초로 금속활자를 개발, 『직지심경』과 『삼장문선』을 찍어내기도 하였다. 그런데 최근에는 중국도 금속활자를 이용한 인쇄술을 개발하여 두 나라 사이의 경쟁에 세계인의 이목이 집중되고 있다.

코페르니쿠스

근대 과학으로의 길을 염

1543년

- 서울과 각 도의 군과 현에 측우기 설치(1441년)
- 콜럼버스, 신대륙 발견(1492년)
- 레오나르도 다빈치, 인체 해부도 작성(15세기경)
- 마젤란, 세계일주 항해 성공(1519~1522년)

"지구가 태양을 돈다"

코페르니쿠스, 지동설(태양 중심설) 주장

폴란드의 신부 니콜라우스 코페르니쿠스(1473~1543년)가 천동설을 부인하고, 지구가 태양 주위를 도는 행성 중의 하나라는 지동설을 주장하고 나서 큰 파장이 일고 있다. 그의 주장은 이론의 타당성을 떠나 그 자체가 너무나 대담하고 혁명적이어서 '코페르니쿠스적 발상'이란 신조어가 생겨날 정도이다. 게다가 그가 성직자라는 사실이 사람들의 관심을 더욱 부추기고 있다.

코페르니쿠스의 우주론은 과학 혁명인가, 신에 대한 반역인가? 금번 호에서는 그가 자신의 지동설을 『천구의 회전에 관하여』라는 책으로 발표하기까지의 과정과 그 관련자들을 집중 취재해 보았다. (뒷면에 계속)

출판에 이르기까지

코페르니쿠스가 『천구의 회전에 관하여』를 출간하기까지는 그의 제자와 동료들의 역할이 컸다. 그는 33세에 고향으로 돌아와 프라우엔부르크 성당에서 재직하면서 새로운 우주체계 완성에 노력을 기울였다. 그러나 자신의 이론을 세상에 공표하는 일은 쉽지 않았다. 교회의 박해와 세상 사람들의 비판을 염려한 나머지, 자신의 생각을 간단히 정리한 「주해서」를 동료 천문학자들에게 돌리는 데 만족해야 했다.

그런데 「주해서」를 읽은 독일의 천문학자 레티쿠스(본명 게오르크 라우헨)가 그의 제자가 되기를 자처하였고, 그 후 그는 코페르니쿠스의 생각을 정리하여 정식 출판하는 데 앞장섰다. 코페르니쿠스의 원고는 레티쿠스를 거쳐 루터파 교회 목사인 오지안더가 '지동설은 하나의 가설에 지나지 않는다' 라는 서문을 붙여 뉘른베르크에서 1543년에 비로소 출판되었다.

혁명인가 반역인가, 아니면 단순한 모방인가

오랜 산고 끝에 탄생한 『천구의 회전에 관하여』에 대한 반응은 크게 엇갈린다. 혁명 혹은 반역이라는 공방과 더불어 한쪽에서는 새로울 것 없는 '모방' 이라는 주장도 제기되고 있다. 천문학의 역사를 들춰 보면 새로운 주장이 아니라는 것이다.

수정과 같은 천구가 있다는 주장은 옛날부터 줄곧 있어 왔고, 천체가 일정한 원운동을 한다는 사실 역시 아리스토텔레스 이후에 계속 제기되던 내용이다. 게다가 지동설 역시 1800년 전에 아리스타르코스가 이미 발표한 적이 있는 내용이다. 이렇듯 코페르니쿠스의 주장은 완벽히 새로운 이론이라고는 할 수 없다. 바로 이 때문에 로마교황이 공인한 지구 중심의 우주론에 반하는 내용임에도 불구하고 별다른 제재가 가해지지 않은 것으로 보인다.

코페르니쿠스의 '혁명 아닌 혁명(?)' 이 알려지면서 '안티 코페르니쿠스' 를 자처하는 단체들도 많아지고 있다. 이들은 "순전히 이전 학자들의 생각을 모아서 적당히 버무려 놓은 것인데다 지동설은 상식에 어긋나서 이미 폐기처분된 주장"이라며 거세게 비판했다. 나아가 그들은 이론적인 한계점을 지적하기도 했다. "만약 그의 주장처럼 지구가 돌고 있다면, 지구 뒤에 처져 있는 공기 때문에 1년 내내 동풍이 불어야 하고, 위로 던져 올린 돌은 늘 서쪽에 가서 떨어져야 한다"는 것이다.

또 지구가 그의 말대로 원 궤도를 따라 돈다면 원심력 때문에 사람들이 궤도 밖으로 나가떨어져 버릴 것이라고 주장하는 한편 정말 지구가 돈다면 연주시차가 발견되어야 하는데, 코페르니쿠스는 그것을 제시하지 못하고 있음을 지적했다.

이에 맞서는 책의 출판을 담당했던 오지안더의 입장 역시 애매하다. "이 책 서문에 밝힌 것처럼 코페르니쿠스의 우주체계는 현상을 설명하기 위한 수학적 허구에 불과하다"고 하면서 "따라서 우주의 참모습을 담고 있다고 볼 수는 없다"고 말했다.

하지만 코페르니쿠스 본인은 오지안더와는 달리 자신의 이론에 확고한 신념을 보였다. "서문은 오지안더 개인의 생각일 뿐"이라면서 자신의 이론이 "우주의 실상에 정확히 부합하는 완벽한 이론"이라고 밝혔다.

많은 사람들의 지적대로 코페르니쿠스의 주장은 완벽히 새로운 내용은 아니지만 전통에 대한 또 한 번의 도전인 것만은 틀림없다. 또한 아리스토텔레스의 체계에 도전하는 종합적 체계를 세상에 내놓은 것은 분명 과학사의 흐름에 혁명적인 사건이라고 할 수 있다.

하지만 적어도 그는 세상의 조롱이나 교회의 박해에 대해서는 걱정하지 않아도 될 것 같다. 『천구의 회전에 관하여』로 인해 박해를 받기에는 그의 나이가 너무 많기 때문이다.

『천구의 회전에 관하여』에서 밝힌 지동설의 핵심

- 지구는 다른 행성과 마찬가지로 태양 주위를 돈다.
- 지구는 하루에 한 번 자신의 축을 중심으로 자전한다.
- 달은 지구 주위를 돈다.
- 항성 천구는 회전하지 않으며 행성구보다도 태양에서 훨씬 멀리 떨어져 있다.

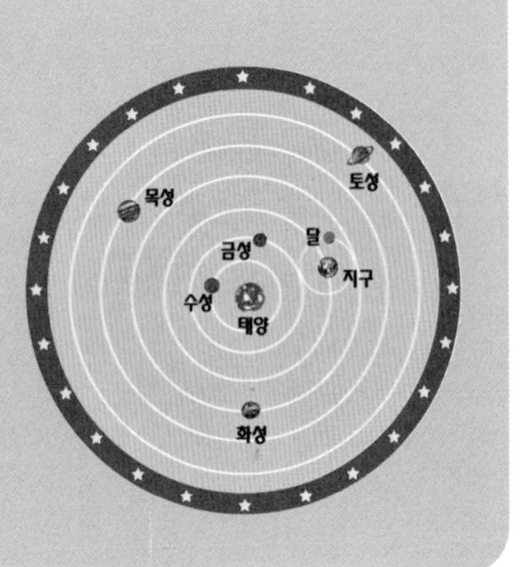

타임머신 칼럼

코페르니쿠스, 태양 중심설로 과학혁명을 이끌다

이상욱 (한양대 철학과 교수)

니콜라우스 코페르니쿠스는 기원후 2세기에 프톨레마이오스가 저술한 『알마게스트』에 의해 확립된 지구 중심의 우주 구조를 대체하는 '태양 중심의 우주 체계'를 처음으로 학술적으로 제시한 천문학자이다.

코페르니쿠스의 생각은 우주의 중심에 지구를 놓고 달과 수성과 같은 내행성, 태양, 목성과 같은 외행성, 그리고 하늘에서 반짝이는 붙박이별이 각각 거대한 천구(天球)에 매달려 조화롭게 돌아간다고 믿었던 고대 및 중세의 우주론 대신에, 태양을 중심으로 현재 우리가 알고 있는 방식의 태양계 모습과 비슷한 새로운 체계를 제시한 혁명적인 것이었다.

코페르니쿠스가 이런 혁신적인 사고를 하게 된 것은 15세기 이후 꾸준히 축적된 관측 천문학의 자료가 지구 중심설로는 설명하기 어려운 내행성의 역행 운동과 같은 여러 특징들을 분명하게 보여준 덕택이었다.

게다가 그는 크라코프 대학과 볼로냐 대학 등을 돌아다니며 꾸준히 『알마게스트』에 대한 깊이 있는 연구를 수행했고 이 과정에서 프톨레마이오스의 체계가 가진 이론적인 문제점에 정통할 수 있었다.

이처럼 코페르니쿠스의 혁명적 체계는 단순히 지구와 태양의 위치를 바꾸자는 '대담한' 발상에서 비롯되었다기보다는 기존 이론의 문제점에 대한 경험적·이론적 연구가 충분히 축적된 바탕에서 나온 것이었다.

그럼에도 불구하고 소심했던 코페르니쿠스는 자신의 견해를 감히 발표하지 못하다가 임종을 앞둔 때에야 『천구의 회전에 대하여』라는 제목의 책으로 발표하게 된다.

이 책은 갈릴레오, 케플러 등 후대의 뛰어난 학자들에 의해 발전되고 널리 알려졌다. 후대에는 독일의 유명한 철학자 칸트가 자신의 철학이 지닌 참신한 성격을 강조하기 위해 '코페르니쿠스적 전환'이라는 표현을 쓸 정도로 혁신적이고도 성공적인 생각의 대명사처럼 여겨지게 되었다.

현재 우리가 알고 있는 우주론은 코페르니쿠스 체계에 기초해 있지만 코페르니쿠스 이론이 가지는 혁명적 성격에 대해서는 몇 가지 주의해야 할 점이 있다.

첫째, 코페르니쿠스 이론에서는 태양이 우주의 중심으로 정지해 있다고 가정하므로, 지구를 포함한 태양계가 광대한 우주의 그다지 특별하지 않은 한 장소에 지나지 않고 태양계 전체도 움직이고 있다는 현대 우주론과는 차이가 난다는 사실이다.

둘째는 코페르니쿠스 이론이 몇 가지 점에서 이론적인 매력을 가지고는 있었지만 기본적으로 행성들이 원 운동을 한다고 가정했기에 프톨레마이오스 체계와 마찬가지로 주전원과 같은 복잡한 보조체계를 도입할 수밖에 없었고 계산상의 이점은 크지 않았다는 사실이다.

셋째는 코페르니쿠스 이론이 대중적으로 크게 호응을 받지 못한 데는 물론 종교적인 이유도 있었지만 전문 천문학자들이 거부한 이유는 종교적인 것이 아니었다는 사실이다. 천문학자들은 코페르니쿠스 이론에 따르면 관찰되어야 할 붙박이별의 연주시차가 당시 최고의 천문학자인 티코 브라헤에 의해서도 관측되지 않는 등 여러 경험적 난점을 들어 이 이론을 거부했고, 결국 코페르니쿠스 이론과 프톨레마이오스 이론의 장점을 혼합한 티코 브라헤의 우주체계를 가지고 달력을 만들고 행성의 운동을 예측하는 도구로 널리 사용했다.

밀라노 대학의 카르다노, 3차방정식의 일반해법 공표

실제 해법을 밝힌 사람은 따로 있다!

지난 1541년 이탈리아 밀라노 대학의 카르다노가 출간한 『아르스 마그나』가 지금까지도 화제가 되고 있다. 이 책에서 그는 3차방정식의 일반적인 해법을 밝혔는데, 문제가 된 것은 실제로 해법을 밝혀낸 사람이 누구냐는 것이다.

3차방정식에 대한 기록은 고대 바빌로니아로 거슬러 올라간다. 하지만 당시 사람들은 $x^3 + x^2 = Y$라는 형태의 3차방정식을 풀 수는 있었지만 3차방정식의 일반적인 해법은 알지 못했다고 한다. 그 후 그리스와 이집트에서 이것을 풀려는 많은 시도가 있었지만 성공한 사람은 없었다.

최초로 3차방정식의 해법을 발견한 사람은 금세기 초 이탈리아의 수학자 페로라고 알

호기심 Q&A

Q : 연주시차가 뭐길래, 코페르니쿠스의 지동설을 부인하는 근거가 되나요?

A : 연주시차란 어떤 별을 지구에서 볼 때와 태양에서 볼 때의 방향의 차이를 나타냅니다. 즉 지구가 도는 궤도의 양쪽 끝에서 별을 바라볼 때 그 각도의 반을 의미하지요.

지구에서 가까운 별을 6개월 간격으로 관찰해 보면, 멀리 있는 별들을 배경으로 위치를 달리하는 것을 발견할 수 있습니다. 그 움직임 정도를 각도로 표시한 것이 바로 연주시차랍니다. 연주시차는 지구가 태양을 중심으로 공전하기 때문에 나타나는 현상이지요. 실제로는 별이 움직인 것이 아니라 지구가 위치를 바꾸기 때문에 별을 바라보는 방향이 바뀌어서 나타나는 현상이랍니다. 연주시차는 가까운 별일수록 커지고, 멀수록 작아집니다. 그래서 별까지의 거리를 측정하는 데도 쓰인답니다.

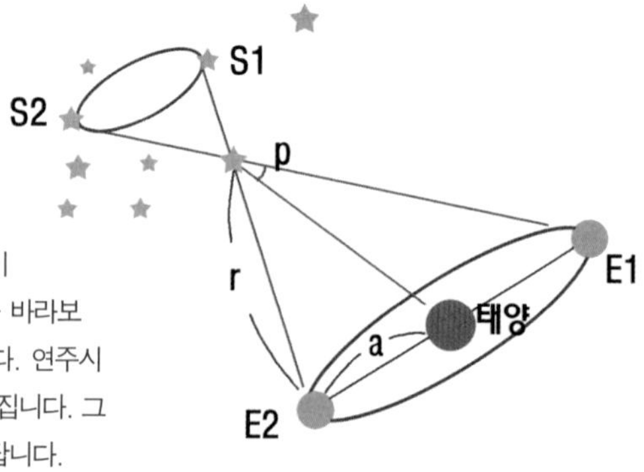

려져 있다. 그는 해법을 세상에 공표하지 않고 사위인 피올레에게만 전수하였다고 한다. 그리고 이 소문을 들은 베니스 대학의 교수 타르탈리아(본명 폰타나, '말더듬이' 라는 뜻)는 그 후 3차방정식에 몰두하여 마침내 해법을 알아냈다. 흥미로운 사실은 이들이 1535년 공개석상에서 문제를 풀어 승패를 겨루었다는 것이다. 물론 승자는 직접 해법을 밝혀낸 타르탈리아였고, 피올레는 한 문제도 풀지 못했다고 한다.

문제는 여기에서 시작되었다. 타르탈리아의 승리가 세상에 알려지면서 많은 학자들이 해법을 배우기 위해 그에게로 몰려들었지만 그는 자신이 저서를 발표할 때까지는 절대 공표하지 않겠다는 약속을 받고 오직 카르다노에게만 해법을 전수해 주었다고 한다. 전하는 바에 의하면 카르다노는 타르탈리아가 언어장애자란 약점을 이용해 해법을 전수받았다고 한다. 하지만 카르다노는 약속을 깨고 『아르스 마그나』를 통해 3차방정식의 해법을 공표해 버렸다.

티코 브라헤

'티코의 신성' 을 발견하다

1572년

- 그레고리력 선포(1582년)
- 브루노, 『무한, 우주와 제세계에 관하여』 출간(1584년)
- 얀센 부자, 복식 현미경 발명(1590년)

새로운 별 발견

완전하다고 여긴 천상 세계의 변화
아리스토텔레스의 천문학 막 내리나

덴마크 출신의 천문학자인 티코 브라헤(1546~1601년)가 새로운 별을 발견하여 큰 화제를 불러일으키고 있다. 그는 새로운 별에 자신의 이름을 붙여 '티코의 신성' 이라 불렀는데, 이로써 천체 관측에 있어서 그의 명성을 다시 한 번 떨쳤다. 더욱이 어떤 관측 도구도 사용하지 않고 오로지 육안으로 새로운 별을 발견해 인간 시야의 한계를 넘어섰다는 극찬을 받기도 하였다.

티코의 신성이 발견된 것은 지난 11월의 일이다(1572년). 그는 밤하늘을 관측하다가 전에는 아무것도 없던 위치에 새로운 별이 유난히 밝게 빛나는 것을 발견했다. 그 후 몇 달 동안의 끈질긴 관측 끝에 새로운 별이 나타났음을 알게 되었고 신성(Nova)이라고 결론 내렸다.

새로운 별을 발견했다는 보고는 이번이 처음은 아니다. 기원전 2세기에도 히파르코스가 새로운 별을 발견했다고 주장한 적이 있었으나 무시되었다. 그러나 이번 티코 브라헤의 발견은 어느 누구도 의심할 수 없는 확실한 사건으로 인정됨으로써 적지 않은 파장을 불러일으키고 있다. 티코 브라헤의 관측으로 인해 아리스토텔레스의 세계관이 무너질 위기에 처해 있기 때문이다.

아리스토텔레스는 완벽한 천상 세계는 영원불변하다고 주장해 왔고 많은 사람들이 오랫동안 그 주장에 동의해 왔다. 그런데 티코의 신성이 아리스토텔레스의 세계관에 치명적인 타격을 입히게 된 것이다.

혜성은 달 위의 천상에

또한 티코 브라헤는 혜성의 궤도와 지구에서의 거리를 관측해 냄으로써 아리스토텔레스가 우주를 완전한 천상계와 불완전한 달 밑의 세계로 분리하던 관점에도 문제를 제기했다. 지금까지 혜성은 달밑의 세계에서 일어나는 현상으로 여겨졌는데, 티코 브라헤의 관측으로 인해 혜성의 궤도가 달 위의 세계에까지 뻗어 있다는 것이 밝혀졌기 때문이다. 그로 인해 사람들은 이제 더 이상 달 위의 세계가 불변이라는 아리스토텔레스의 말을 믿으려 하지 않고 있다. 게다가 점차 행성이 실려 있는 수정 천구가 실제로 존재하지 않음이 확실해지자 아리스토텔레스의 천문학 시대가 막을 내릴 것이라는 전망이 나오고 있다.

덴마크 왕의 지원 받아

티코 브라헤는 천체 관측의 정확성을 높은 수준으로 끌어올렸다는 찬사를 받으며 학자로서의 명성과 부를 동시에 거머쥐게 되었다. 티코 브라헤의 관측 결과에 감동을 받은 덴마크 왕은 그의 연구를 전폭적으로 지지하겠다고 나섰으며, 덕분에 브라헤는 흐벤(Hveen) 섬에 신식 천문대를 세울 수 있게 되었다. 학계는 그의 관측이 날개를 달아 어디까지 나아갈지 촉각을 곤두세우고 있다.

타임머신 칼럼

신성에서 지동설과 천동설까지

티코의 신성은 콜럼버스의 달걀

티코 브라헤가 발견한 별 '티코의 신성'이 그 전에는 발견되지 않은 이유는 무엇일까? 전에는 없던 별이 생겨난 것일까? 아니다. 본래 있던 별이 폭발하면서 밝기가 최고조에 이르자 관측이 가능해졌고, 그 때문에 당시 사람들은 새로 나타난 별로 여겼다. 당시는 망원경이 없었으니 새로 생긴 별로 오해했을 수밖에 없었던 것이다.

지금은 새로운 별의 발견이 그다지 특별한 일이 아니다. 티코 이후에도 신성을 발견하는 사람들은 점차 늘어났을 것이다. 그래도 티코는 가장 먼저 신성을 발견한 것으로 과학사에 한 페이지를 장식할 만하다. 이는 마치 '콜럼버스의 달걀'과 마찬가지다.

콜럼버스가 신대륙을 찾아 떠난 후, 긴 항해에서 돌아오자 왕은 물론이고 많은 사람들은 그를 영웅처럼 대했다. 그러자 그의 성공을 시기하고 깎아 내리려는 사람들이 생겨났다. 그들은 콜럼버스의 성공은 그가 뛰어나서가 아니며, 어느 누구든 배를 타고 서쪽으로 항해해 갔다면 신대륙을 만났을 거라고 말했다.

어느 날 콜럼버스는 많은 사람들이 모인 자리에서 달걀을 세울 수 있는 사람이 있냐고 큰 소리로 물었다. 사람들은 웅성대기만 할 뿐 나서는 사람은 아무도 없었다. 그러자 콜럼버스는 자신이 해 보겠다고 말하고는 스스럼없이 달걀의 뾰족한 한쪽 끝을 깨서 달걀을 세웠다. 사람들은 콜럼버스를 비웃으며 거세게 몰아세웠다. 그렇게 하는 것이라면 누가 못 하냐면서. 그러자 콜럼버스는 "다른 사람이 하고 나면 쉬워 보이지만, 중요한 것은 누가 그것을 가장 먼저 하느냐이다"라고 말했다. 그때부터 '콜럼버스의 달걀'이라는 말이 생겨나게 되었고, 기발한 생각이나 사고의 전환을 의미하는 말로 지금까지 쓰인다.

정확한 관측, 새로운 학설

신성이 나타났을 때, 아리스토텔레스 이후 천체는 완벽해서 모습이 변하지 않는다고 생각했던 당시 천문학자들이 당황했다. 하지만 다른 사람들이 어떻게 설명해야 할지 난감해 하고 있는 동안 티코 브라헤는 침착하게 신성을 계속해서 관측했다. 그리고 마침내 이 별이 다른 별과 마찬가지로 빛을 내고 달보다 더 먼 거리에 있는 것임을 확인했다.

이러한 결과는 천체 역시 다른 자연과 마찬가지로 변한다는 것을 의미했다. 따라서 티코의 발견이 갖는 의의는 아리스토텔레스 이후 많은 사람들이 믿어 의심치 않은 사실, 천체는 완전하기 때문에 변하지 않는다는 생각을 깼다는 것이다.

신성을 발견한 이후 브라헤는 1577년에 혜성을 발견한다. 그리고 다시 그는 혜성까지의 거리를 재어 혜성이 달보다 더 멀리 있다는 것과 행성과 같은 방식으로 움직인다는 것을 확인했다. 이 사실 역시 무척 중요한 의미를 지닌다. 왜냐하면 태양계에 혜성이 행성과 같은 방식으로 움직이는 공간이 있으려면 코페르니쿠스가 주장한 이론이 옳다는 결론이 나오기 때문이다.

하지만 브라헤는 코페르니쿠스의 이론(지동설)에 전적으로 동의하지는 않았다. 그는 아리스토텔레스가 주장한 천동설과 코페르니쿠스가 주장한 지동설을 적절히 조합하여 새로운 이론을 만들어 냈다. 즉, 태양을 중심으로 행성들이 원운동을 하고 태양은 지구를 중심으로 원운동을 한다는 것이다. 물론 이것은 사실이 아니다. 하지만 당시에는 뜨거운 논란이 끊이지 않는 천동설과 지동설을 조정하는 역할을 했다.

죽음을 앞둔 브라헤는 자신의 관측 자료를 제자 케플러에게 넘겼다. 그리고 케플러는 오랜 연구 끝에 이 자료의 가치가 제대로 발휘되도록 했다. 비록 스승과는 다른 결론에 다다르지만.

티코 브라헤의 우주 체계, 교회 환영받으며 동양에 소개되다

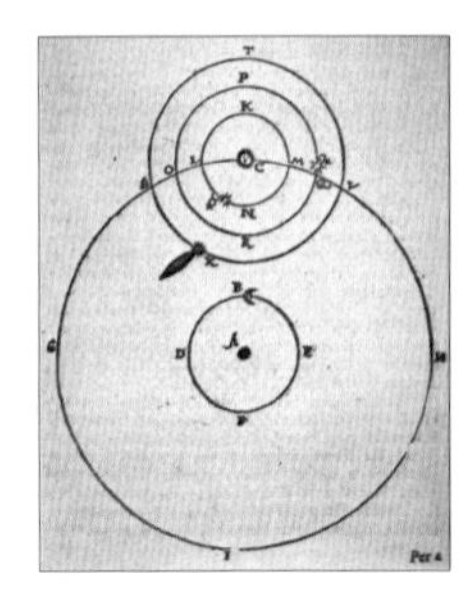
티코 브라헤의 우주 체계

티코 브라헤는 자신의 우주 체계를 정리하여 공식적으로 발표하였다. 그는 코페르니쿠스의 태양 중심설은 태양의 움직임을 암시하는 성경 구절과 상식에 대한 반란이라고 비판하며, 자신의 우주 체계를 제시했다. 그는 지구를 제외한 모든 행성은 태양 주위를 돌지만, 태양은 우주 중심에 정지해 있는 지구를 돈다고 주장했다. 이는 지구 중심설과 태양 중심설을 절충한 체계로, 비상식적이라는 사람들의 비판이나 교회의 불호령을 피할 수 있는 발상이다. 이에 대해 교회 측에서는 기존의 진부한 이론을 수정하면서도 성경에 위배되지 않는다며 브라헤를 지지하고 나섰다. 덕분에 브라헤의 이론은 교회의 승인을 받아 중국으로 건너간 예수회 소속 선교사들에 의해 동양에 소개되기도 했다.

사이언스툰 귀족은 달라!

티코 브라헤는 천문학자로서는 천재성을 인정받았지만, 인격적으로는 그다지 좋은 평가를 받지 못했다. 귀족들이 모인 파티에서도 급한 성미와 강한 자존심 때문에 종종 결투를 벌이곤 했다. 얼마 전 파티에서도 브라헤는 다른 귀족과 시비가 붙어 결투를 치렀다고 한다.

그런데 이번에는 정말로 그의 코가 납작해지고 말았다. 브라헤는 잘려나간 자신의 코에서 흐르는 피를 보며 질겁했다. 지켜보던 사람들은 놀라움과 웃음을 금하지 못했다. 사람들은 수군거리면서도 그의 난폭한 성미가 좀 누그러지기를 기대했다고 한다. 그런데 다음 파티 때 나타난 브라헤의 모습에 사람들은 모두들 놀라 뒤로 넘어갈 지경이었다고 한다.

특집기사 티코 브라헤의 최첨단 천문대

'하늘의 성' 우라니보르그 천문대를 가다

티코 브라헤는 20년 동안 우라니보르그 천문대에서 수많은 성과를 일구어 냈다. '우라니보르그'는 '하늘의 성'이라는 그 의미처럼 천체 관측에 적합하게 설계된 성이다. 그가 바젤에 머물고 있던 1576년, 덴마크 왕 프레더릭 2세의 전령이 그를 찾아와 '덴마크 최고의 천문대를 건설하라'는 왕의 명을 전달했다고 한다. 덕분에 브라헤는 덴마크 해협의 흐벤 섬에 최신식 천문대를 건설할 수 있었다.

이렇게 탄생한 우라니보르그 천문대는 최초의 선문 과학연구소로 평가되고 있다. 최고의 관측기기와 관측실은 물론 연구에 집중할 수 있는 연구실, 연구 논문을 인쇄할 수 있는 인쇄소, 기계 공작실 등 관측 연구에 필요한 모든 시설과 장비를 갖추었다. 천문대를 완성하는 데는 우리 돈으로 40억 원 정도가 들었다고 한다.

천문대가 완성되자 브라헤를 비롯한 천문학자들과 직원들이 맘껏 관측에 몰입하였고, 그 성과는 금방 나타났다. 그 가운데 하나가 우라니보르그 천문대가 세워진 다음 해인 1577년에 혜성의 궤도를 관측해 낸 것이다. 이로 인해 아리스토텔레스 체계를 비판하는 중요한 근거를 마련하게 되었다. 우라니보르그 천문대는 망원경이 발명되기까지 20년간 천문학 연구에 매우 중요한 역할을 담당하였다.

현대적 기법의 세계지도 선보여

거리 · 면적 왜곡, 하지만 항해에 적합한 도법

네덜란드에서 지도를 그리는 새로운 기법이 소개되었다. 주인공은 제럴드 메르카토르(1512~1594년). 그는 자신이 개발한 도법으로 세계지도를 완성했다(1569년).

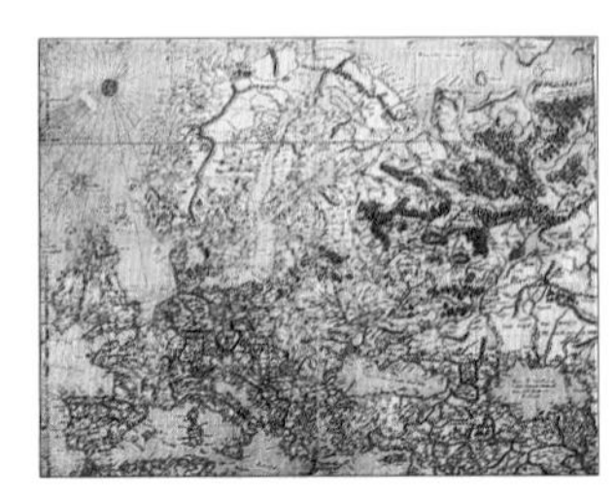

메르카토르의 유럽 지도

기존의 지도는 회화적 방식으로 스케치한 듯한 묘사가 주를 이루었지만 '메르카토르 지도'에서는 기호를 사용해 단순화하였으며, 위선과 경선이 직각으로 만나도록 해 작은 지역도 정확한 형태와 방향을 나타낼 수 있도록 하였다. 즉 구형의 지구를 직사각형의 종이에 옮길 수 있도록 극으로 갈수록 경선 사이의 간격을 확대시킨 것이다. 따라서 극에 가까운 지역일수록 거리나 면적이 실제보다 확대되어 나타나지만, 형태와 방향이 수학적 계산으로 나온 것이어서 기존의 어떤 지도보다도 항해에 적합하다는 평을 받고 있다.

새로 나온 책

셰익스피어의 낭만적 비극, 『로미오와 줄리엣』

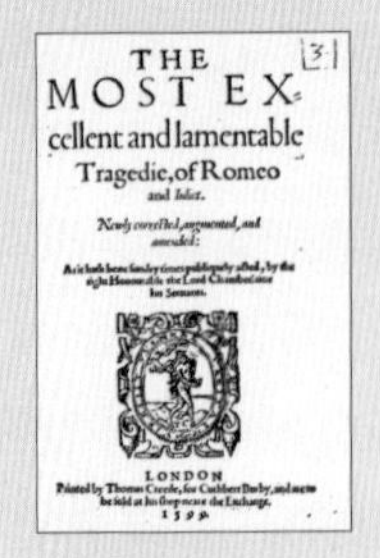

THE
MOST EX-
cellent and lamentable
Tragedie, of Romeo
and Iuliet.

LONDON

『로미오와 줄리엣』의 타이틀 페이지

영국의 젊은 극작가 윌리엄 셰익스피어(1564~1616년)가 아름다고도 슬픈 사랑의 희곡 『로미오와 줄리엣』을 발표했다(1597년). 이 작품은 서로 원수처럼 여기는 두 집안의 두 젊은 남녀의 애틋한 사랑을 다루고 있는데, 이탈리아의 소설가 마테오 반델로의 작품(1554)과 아서 브루크의 『로메우스와 줄리엣의 비화』(1562년)의 내용을 극화한 것이라고 한다.

자살로 끝맺는 두 사람의 사랑을 강렬하게 묘사한 셰익스피어는 젠틀맨(부와 지식을 바탕으로 권력을 얻고 있는 영국의 새로운 계층) 출신의 젊은 극작가로 이번 작품을 통해 세계적인 명성을 얻게 되었다. 셰익스피어가 몸담고 있는 영국 런던의 글로버 극장은 조만간 로미오와 줄리엣을 무대에 올릴 예정이라고 밝혔다.

케플러
'케플러의 법칙' 수립

1605~1619년

- 길버트, 『자석에 대하여』 출간(1600년)
- 허준, 『동의보감』 완성(1610년)
- 스넬, 굴절의 법칙 발견(1615년)

천체는 원이 아니라 타원 궤도로 운동

요하네스 케플러, 스승 브라헤의 관측자료 토대로 '새로운 천체 운동 법칙' 발표

신성의 발견과 오랜 천체 관측으로 명성을 얻었던 티코 브라헤의 조수 요하네스 케플러(1571~1630년)가 천체의 운동에 관한 새로운 법칙을 발표해 주목을 받고 있다.

케플러는 스승 티코 브라헤의 정확한 관측결과를 토대로 천체 법칙을 수립하여 이를 '케플러의 법칙'이라 이름 붙였다. 그런데 재미있는 사실은 스승의 관측결과를 토대로 세운 법칙이 결과적으로 스승의 우주관을 반대하는 내용이라는 것이다. 케플러는 티코 브라헤가 주장하던 '모든 천체는 원운동을 한다'는 주장에 이의를 제기하고, 원이 아닌 타원 궤도를 그린다고 제시했다. 티코 브라헤는 죽기 1년 전 평생에 걸쳐 관측한 자료를 케플러에게 넘겨주면서 자신의 우

주론을 옹호하는 데 써줄 것을 부탁한 바 있다.

독일 태생의 천문학자 케플러는 코페르니쿠스의 열렬한 추종자로 알려져 있으며, 티코 브라헤의 관측결과를 연구하고자 브라헤의 조수를 자처했던 것으로 전해진다. 그 후 1년 만에 브라헤의 관측자료를 넘겨받았고, 그 자료와 정확히 일치하는 천체 운동법칙을 세우기 위한 연구에 전념했다.

케플러의 법칙

1. **타원 궤도에 관한 법칙** : 행성은 태양을 하나의 초점으로 하는 타원을 그리며 움직인다.
2. **면적 속도의 법칙** : 태양에서 행성에 그은 선은 같은 시간에 같은 면적을 그린다.
3. **조화의 법칙** : 행성이 궤도를 일주하는 데 걸리는 시간의 제곱은 태양과 행성 간의 평균 거리의 세제곱에 비례한다.

명사 인터뷰 요하네스 케플러

지칠 줄 모르는 도전정신의 소유자

오늘 〈명사 인터뷰〉의 주인공은 '케플러의 법칙'을 발표한 요하네스 케플러 씨입니다.

안녕하십니까? 세상 사람들의 이목이 모두 선생님께 집중되고 있는데, 소감이 어떠신지요?

"제 이름을 걸고 법칙을 발표하기까지 쉽지는 않았습니다. 하지만 이렇게 완성하고 나니 매우 뿌듯하군요. 아직 제 이론을 이해하고 받아들이는 사람들이 그리 많지는 않지만 저는 천문학의 역사가 다시 쓰일 거라고 확신합니다."

이 순간 가장 생각나는 사람은 누구인가요?

"누구보다 제 이론의 토대를 마련해 주신 스승님이지요. 그분의 관측 자료가 없었다면 제 연구는 이루어질 수 없었을 겁니다."

스승이신 티코 브라헤는 천체들이 원운동을 한다고 주장했는데, 케플러 씨는 타원 궤도를 주장했습니다. 스승의 관측 결과를 토대로 해 어떻게 다른 결론에 다다랐는지 무척 궁금합니다.

"스승님께는 죄송한 말씀이지만, 스승님께서 관측한 사실과 이론은 정확히 들어맞지 않았습니다. 스승님의 이론은 지동설과 천동설에서 타당하다고 판단되는 주장들을 적절히 조합한 것이었지요. 하지만 이것으로는 천체 현상을 명쾌하게 설명하기 어려웠습니다. 따라서 스승님이 관측한 사실들을 완벽하게 설명할 수 있는 새로운 이론을 만들어야 했지요."

천체들이 원이 아닌 타원 궤도로 돈다는 것은 어떻게 발견하셨습니까?

"저는 태양계 행성 중 하나인 화성에 주목했습니다. 나머지 행성도 화성과 같은 방식으로 움직인다는 확신이 있었기 때문입니다.

그러나 화성을 연구하는 과정에서 가설을 세우고 버리는 일을 몇 번씩 반복하는 사이에 몇 년의 세월이 훌쩍 가버렸지요. 그 동안 원 궤도, 달걀형 궤도 등 수많은 시행착오를 겪었답니다. 그리고 마침내 1605년에 '행성의 궤도는 태양을 초점으로 한 타원형'이라는 결론을 내렸습니다. 그게 바로 케플러 제 1법칙이지요."

법칙을 세우기까지 정말 많은 노력을 하셨군요. 케플러 2, 3법칙에 관해서도 설명 좀 해주시지요.

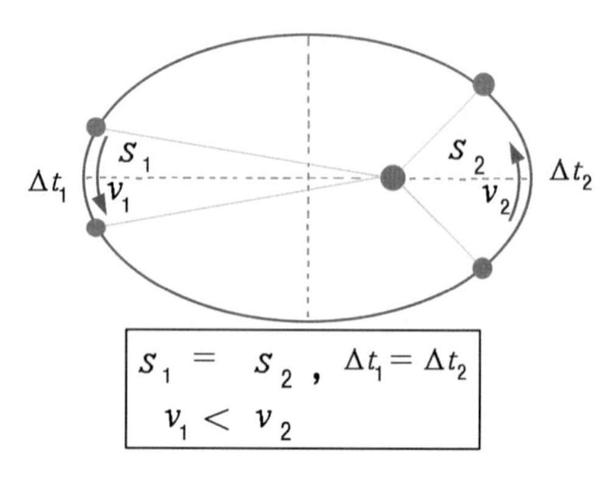

케플러 2법칙(면적 속도의 법칙)

"화성 자료를 검토하는 과정에서 행성의 공전 속도에 관해 새로운 발견을 하게 되었습니다. 행성은 태양을 돌 때 태양과 가까워질수록 속도가 빨라지고 멀어질수록 느려진다는 것입니다. 그 결과 행성이 일정 시간 동안 쓸고 지나가는 면적은 공전 궤도 어디에서나 같다는 케플러 제 2법칙을 세우게 되었습니다.

그리고 3법칙은 조화의 법칙이지요. 행성의 공전 주기의 제곱은 태양과 행성 간 평균 거리의 세제곱에 비례한다는 것을 계산해 냈습니다. 즉 제 3법칙은 태양계의 행성들이 제멋대로가 아닌 일정한 조화 속에서 돈다는 것이죠."

케플러 씨의 논문이 어려워서 이해하지 못하는 사람들이 많기는 하지만 새로운 발상과 대담성만은 모두들 칭찬하는 분위기인 것 같습니다.

"저는 케플러의 법칙이 이제까지의 진부하고 형식적인 천문학을 완전히 떨쳐버렸다고 생각합니다. 코페르니쿠스, 프톨레마이오스, 티코 브라헤 등 훌륭한 천문학자들의 이론에는 한계가 있었어요. 모두들 강박관념처럼 원 궤도에서 얽매여 있었기 때문이지요. 물론 종교나 상식을 벗어던지는 것이 쉽지는 않았을 것입니다."

케플러 씨의 연구성과에 관심을 갖는 사람들이 늘어날 것 같은데요, 연구성과가 실린 저서를 출판하셨는지요?

"케플러 1, 2법칙은 1609년에 출간된 『신천문학』이라는 책에 실려 있습니다. 3법칙은 1619년에 출간된 『우주의 조화』라는 책을 참고하시면 되고요."

타임머신 칼럼

고정관념에 바친 8년이라는 시간

최규홍 (연세대 천문우주학과 교수)

요하네스 케플러는 남부 독일의 빈곤한 신교 집안에서 허약한 몸으로 태어났다. 아버지는 고용된 용병이었으며 어머니는 마녀로 고발되어 감옥살이를 한 적도 있었다. 튀빙겐 대학에서 신학을 전공한 그는 젊은 시절에는 헌신적인 기독교인이었다.

'케플러 법칙'으로 유명한 그가 천문학이 아닌 신학을 전공했다는 사실은 신선하다. 그는 29세 때 신교도의 박해를 피해 프라하로 이주해 유명한 천문학자 티코 브라헤의 조수가 되었다. 1년 뒤 티코의 갑작스런 죽음으로 그는 티코 브라헤가 16년 동안 관측한 화성의 시운동에 관한 금싸라기 같은 자료들을 물려받게 된다.

당시 케플러가 진행했던 연구는 행성의 궤도를 밝히는 것이었다. 그는 화성에 대한 티코의 자료에 코페르니쿠스가 발표한 자료와 약 8도라는 큰 오차가 존재함을 알게 된다. 그러나 아리스토텔레스 이래 천체의 궤도가 완전한 원이라는 것을 의심하는 자는 아무도 없었다. 케플러 역시 코페르니쿠스의 이론인 '태양을 태양계의 중심에 두고 행성이 그 둘레를 원운동한다'는 태양 중심 체계를 굳게 믿고 있었다. 여기에는 그의 독실한 신앙, 즉 기독교 신자로서 하느님은 완전한 대칭을 이루도록 세상을 창조했으리라는 믿음이 큰 역할을 하였다.

8도라는 큰 오차를 해결하기 위해 케플러는 8년이라는 시간 동안 총 70회 이상의 계산을 다시 하기에 이른다. 하지만 결과는 매번 마찬가지였다.

그 당시 천재 천문학자로 불리던 케

플러의 발목을 잡은 것은 다름아닌 '모든 행성은 원궤도를 이루고 있을 것' 이라는 단순한 고정관념이었다. 행성이 가장 완벽한 대칭성을 가진 원궤도를 따라 움직이면 우주가 완전한 조화를 이룰 수 있을 거라는 막연한 기대 때문이었다.

그러나 케플러는 마침내 고정관념을 떨쳐버리고 원궤도가 아닌 다른 궤도를 가정해 보기 시작한다. 그 결과 행성이 원궤도가 아닌 타원궤도를 이룬다는 사실을 밝혀내기에 이르렀다. 이러한 결과는 관측 자료의 경험적인 처리, 즉 귀납적 방법으로 행성의 운동을 설명한 것이다. 그 후 뉴턴은 기하학과 미적분을 사용한 연역적 방법을 통해 행성의 운동에 대해서 더욱 완벽하게 논하게 된다.

하나의 작은 고정관념으로 인하여 케플러는 그의 일생에 있어서 엄청난 시간과 열정을 다른 곳에 쏟아 부었다. 하지만 그러한 노력에 힘입어 현재의 과학발전을 이룩할 수 있었다. 케플러의 일화를 교훈삼아 고정관념의 틀을 깨는 것이 곧 위대한 발견의 시작임을 우리는 반드시 알아야 할 것이다.

무한 우주 주장하다 사형

교황청, 종교적 정신에 어긋나

우주가 무한히 넓다는 주장을 펼쳐 과학계와 종교계에 파문을 일으켰던 브루노가 화형되었다(1600년). 그의 죄목은 교리에 어긋나는 가르침을 설파했다는 것. 브루노는 지구는 태양 주위를 돌고 있고, 태양 역시 우주의 중심이 아니며 우주에는 무수히 많은 태양이 있다고 주장해 왔다. 그는 죽는 순간까지도 자신의 주장을 굽히지 않았으며 진실을 외면하는 교회와 교황을 비판했다고 한다.

조르다노 브루노(1548~1600년)

갈릴레오 갈릴레이

그래도 지구는 돈다

1632년

- 베이컨, 『노붐, 오르가눔(새로운 논리학)』 발표(1620년)
- 데카르트, 『방법서설』 출간(1637년)

갈릴레이, 종교 재판에서 무기징역 판결

저서 『두 개의 우주 체계에 관한 대화』 금서로 지정
과학계와 종교계 찬반 여론 후끈

코페르니쿠스의 열혈 추종자로 알려져 있는 갈릴레이 갈릴레오(1564~1642년)가 종교 재판에서 결국 무기 징역을 선고받았다. 갈릴레이의 재판 결과를 두고 학계와 종교계 모두 떠들썩한 분위기이다. 갈릴레이는 그 동안 코페르니쿠스의 지동설을 집중적으로 연구해 왔으며, 문제가 된 그의 저서 『두 개의 우주 체계에 관한 대화』는 태양 중심설에 관한 그의 주장을 집대성한 것으로 알려지고 있다. 그는 자신의 저서에서 지동설의 근거들을 과학적 실험을 통해 증명해 냈다고 주장했다. 태양 중심설은 이번에 처음 나온 이론이 아님에도 불구하고 종교 재판에 회부된 것은 그가 교황의 경고를 무시하고 지동설을 직접적으로 지지하고 나섰기 때문이다.

갈릴레이에게 내려진 무기징역 판결은 적지 않은 화제를 불러일으키면서 학계와 종교계 모두에서 상반된 의견들이 엇갈리고 있다. 갈릴레이를 맹렬히 비판하는 쪽에서는 정당한 판결이라고 주장하는 반면, 옹호하는 이들은 그가 독실한 가톨릭 신자인데다 그 동안의 과학적 성과들을 감안하면 너무 가혹한 판결이라고 항변하고 있다.

갈릴레이가 친구의 성에 연금되면서 말도 많고 탈도 많았던 갈릴레이 재판은 일단락되었다. 그런데 공식적인 재판 기록에는 없지만 갈릴레이가 법정을 나서며 '그래도 지구는 돈다' 고 말했다는 후일담이 전해지고 있다. 실제로 그가 진정으로 재판 결과에 승복했는지는 아무도 알 수 없는 노릇이다. 그의 우주관과 저서에 관한 새로운 판결은 역사에 맡기는 수밖에 없을 것 같다.

타임머신 칼럼

종교재판에 회부된 '근대 과학의 아버지'

최성우 (과학평론가)

이탈리아의 과학자 갈릴레오 갈릴레이는 흔히 '근대 과학의 아버지'라 불린다. 그가 이룩한 여러 과학적 업적들이 그리스·로마 시대 이후 침체에 빠졌던 서양 중세 과학의 한계를 극복하고, 근대 과학의 발전을 앞당기는 토대를 마련했기 때문이다.

진자의 원리를 발견하여 후에 정밀한 시계를 발명할 수 있는 기초를 제공한 점, '가벼운 물체나 무거운 물체나 같은 속도로 낙하한다'는 사실을 밝힘으로써 아리스토텔레스 등이 주창한 기존 이론을 뒤집고 근대 역학법칙의 원리를 세운 점 등은 대표적인 업적으로 손꼽힌다.

그러나 그의 업적 가운데 빼놓을 수 없는 것이 바로 코페르니쿠스가 창시한 지동설을 주장하고 체계적으로 그 증거를 제시하여 발전시킨 점이다. 갈릴레이가 지동설이 옳다고 믿게 된 데에는 자신이 직접 만든 망원경이 계기가 됐다. 물론 그가 망원경을 처음 발명한 것은 아니었지만 전보다 훨씬 성능이 좋은 망원경을 통하여 달과 목성을 비롯한 여러 천체를 관측할 수 있게 된 덕분이었다.

그는 망원경 관측을 통하여 달의 표면이 아리스토텔레스의 주장처럼 흠집 하나 없이 미끈한 것이 아니라 높은 산과 계곡, 운석 구덩이 등으로 온통 울퉁불퉁한 것을 발견하였다. 또한 목성을 유심히 관찰하다가 그 주위를 도는 4개의 위성을 발견하기도 했다. 수십 개나 되는 목성의 위성 중에서 그가 발견한 유난히 큰 4개의 위성, 즉 이오(Io), 유로파(Europa), 칼리스토(Callisto),

가니메데(Ganymede)를 오늘날에도 '갈릴레이 위성'이라고 부른다.

망원경을 통하여 목성의 위성이나 다른 행성의 움직임을 면밀히 관측한 결과, 갈릴레이는 태양이 지구 주위를 도는 것이 아니라 지구와 행성들이 태양 둘레를 돈다는 지동설이 옳다는 확신을 얻었다. 물론 그가 지동설을 주장함으로써 당시 가톨릭 교회로부터 이단으로 몰려 여러 박해를 받은 사실은 익히 알려져 있다.

그러나 가톨릭 교회 역시 저명한 과학자 갈릴레이를 극단적으로 처벌하는 것은 원하지 않았다. 따라서 비록 종교재판에 회부하여 유죄를 선고하기는 했으나 곧 석방하여 가택 연금 정도의 형벌을 내렸다.

갈릴레이 역시 서슬 퍼런 가톨릭 교회의 위세를 의식한 나머지 자신의 저서 『두 개의 우주 체계에 관한 대화』에서 등장인물들의 토론을 통하여 '간접적으로' 지동설의 정당성을 설파하였고, 종교재판에서도 자신의 잘못을 인정하고 이후로는 지동설을 내세우지 않겠다고 맹세하였다.

갈릴레이가 재판정을 나서면서 "그래도 지구는 돈다"라고 중얼거릴 정도로 꿋꿋한 의지를 보여줬다는 유명한 일화가 알려져 있지만, 이는 사실과 다르며 후세 사람들이 지나치게 과장한 것으로 보인다.

하지만 지동설을 죄악시했던 당대 가톨릭 교회의 입장은 물론 잘못된 것으로서, 수백 년이 지난 1992년에야 비로소 교황이 과오를 인정하였다. 이는 진리에 대한 교훈과 함께 오늘날까지 많은 점들을 시사하고 있다. 비단 갈릴레이의 경우뿐만 아니라, 정치적 · 인종적 · 종교적 선입견이나 편견 등으로 인하여 과학적 진리를 함부로 재단하거나 왜곡하는 그릇된 행위와 역사적 과오는 이후로도 여러 차례 반복되었고, 오늘날까지도 여전히 진행되고 있기 때문이다.

과연 무엇이 진리를 대하는 바람직한 태도인지 갈릴레이의 교훈을 통하여 똑바로 알아야 할 것이다.

특집기사 1

갈릴레이를 둘러싼 법정 공방 어떻게 결론 났나?

검사측, 교회와의 약속 어기고 교회를 배반한 갈릴레이의 처벌은 당연한 결과
변호사측, 과학의 발전 가로막는 처벌, 진실을 막을 수는 없다

갈릴레이에 대한 판결이 발표되자 찬성과 반대가 엇갈리며 여론이 술렁이고 있다. 갈릴레이를 고소한 검사와 변호를 맡은 변호사의 말을 각각 들어보았다.

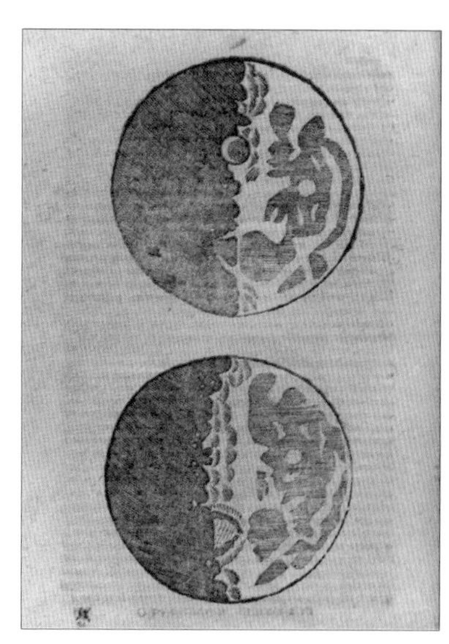
갈릴레이의 달 표면 스케치

검사 : 교황청은 갈릴레이에게 최대한의 관용을 베풀었습니다. 교회와의 정면 대결을 선포하고 화를 자초한 것은 바로 갈릴레이 자신이에요. 그가 태양 중심설을 주장하고 나선 것은 이번이 처음은 아니었습니다. 그가 처음 망원경을 만들어 목성에 위성이 있다는 것을 밝혀내고 달의 표면을 관측해 냈을 당시만 해도 교회는 그에게 호의적이었습니다. 그가 주장하는 이론이 아리스토텔레스의 우주관을 부정하는 위험한 우주관이었는데도 말이에요.

교회는 그가 과학자라는 것을 배려하여 객관적인 입장에서 다양한 우주 체계를 연구하도록 도왔습니다. 그런데 갈릴레이가 그런 교회의 호의를 배신한 것이죠.

변호사 : 그렇지 않습니다. 갈릴레이는 결코 교회를 배신하지 않았어요. 그가 어느 누구보다도 독실한 가톨릭 신자라는 것은 교회에서 더 잘 압니다. 그는 단지 자신의 소신대로 과학을 연구했고, 교회에서 허용하는 범위 내에서 저서를 출판한 것뿐이죠.

그가 남긴 과학적 성과는 일일이 나열할 수 없을 정도로 많습니다. 그에게 종신형을 선고하는 것은 갈릴레이 개인은 물론 과학의 발전을 가로막는 행위입니다.

검사 : 갈릴레이에게 무기징역을 선고한 것은 결코 무거운 처벌이라고 할 수 없습니다. '우주는 무한하고 지구는 왜소하다' 는 이단적인 주장을 펼치다 1600년에 로마에서 화형당한 조르다노 브루노를 벌써 잊었습니까? 그런 선례에 비추어 보면 갈릴레이는 운이 좋은 사람입니다. 교회에서 처음 갈릴레이의 태양 중심설을 문제 삼고 나섰을 때 그는 분명 '더 이상 코페르니쿠스 사상을 전파하지 않겠다' 고 약속했습니다. 우르바누스 8세 교황의 즉위 후 교회는 그에게 더욱 관대하였지요. 지구 중심설과 태양 중심설을 공정하게 다룬다면 저서를 출판할 수 있도록 해 준 것입니다.

그런데 갈릴레이는 어땠습니까? 교황의 호의를 배신하고 태양 중심설을 대놓고 지지하는 책을 버젓이 출판하지 않았습니까? 그는 이단적인 사상을 가진 죄와 더불어 교황과 교회를 배신하고 모독하는 죄까지 저질렀습니다. 그나마 그의 과학적 성과를 감안하여 그를 사형에 처하지 않았다고 생각합니다.

변호사 : 그의 저서 『두 개의 우주 체계에 관한 대화』는 제목에서 말하고 있는 것처럼 분명히 태양 중심설과 지구 중심설을 함께 다루고 있습니다. 프톨레마이오스의 천동설과 코페르니쿠스의 지동설을 함께 소개하고 있

으며, 학자들만 읽을 수 있는 라틴어가 아니라 일반 시민들도 모두 읽을 수 있도록 이탈리아어로 썼어요. 그는 과학에 있어서 객관성을 유지하고 있으며, 모든 사람들이 읽을 수 있도록 배려하는 아량까지 가진 사람입니다.

검사 : 사실 그것이 더 큰 문제입니다. 이단적인 사상을 일반에게까지 퍼뜨리려는 나쁜 의도로 볼 수 있으니까요.

변호사 : 그의 저서를 이단적이고 사악한 것으로만 몰아붙이는 것은 오히려 교황청이 객관적이지 못함을 증명하는 것일 뿐입니다. 그의 저서는 교회가 따르는 우주관과 다르다는 것만 제외한다면 과학적으로 매우 의미 있는 성과입니다. 그는 최초로 실험을 통해 관성의 원리를 증명해 냈고, 망원경을 통해 천체의 세계를 보여 주었습니다.

갈릴레이는 자신이 망원경으로 직접 본 사실을 거짓으로 말할 수는 없었습니다. 태양에는 분명 반점이 있고 달에는 산이 있습니다. 목성에는 네 개의 위성이 있다는 것도 알게 되었지요. 그것은 어느 누가 봐도 부정할 수 없는 사실입니다. 아리스토텔레스가 주장하던 것처럼 우주의 천체가 지구와 달리 완벽하다거나 특별한 것이 아니라는 것은 갈릴레이가 새로이 지어낸 사실이 아닙니다. 교황청이 객관적인 입장에서 그의 과학적 성과를 검토해 봤는지 묻고 싶군요. 처음부터 재판의 결과는 결정되어 있었던 거나 다름없지 않습니까?

이렇듯 재판을 마치고 나서도 양측의 의견은 팽팽하게 맞서고 있다. 그러나 이미 교황청은 판결을 내렸고 갈릴레이도 자신의 죄를 인정하고 여러 차례 고해성사까지 한 것으로 전해진다. 그의 저서는 판결과 함께 금서로 지정되었다. 종신형 판결을 받은 갈릴레이를 두고 '시대를 너무 앞서가는 불운한 과학자' 라며 안타까워하는 이들도 많지만, 그러나 그는 운이 나쁘기만 한 사람은 아닌 듯하다. 종신형을 선고받고도 어둠침침한 지하 감옥이 아닌 친구의 성에 머물고 있기 때문이다.

더욱이 현재 그는 전보다 더 열심히 연구하고 있으며 역학에 관한 새로운 저서를 완성할 계획이라고 전해진다.

특집기사 2

추락하는 것은 가속도가 있다!

갈릴레이, 중력 가속도 최초 측정
갈릴레이의 역학, 지동설의 증거가 되다

갈릴레이가 떨어지는 물체의 가속도를 최초로 측정했다. 물체가 떨어지면서 점점 속도가 빨라지는 가속도를 지닌다는 사실은 이미 알려져 있었으나, 그 가속도를 측정한 것은 갈릴레이가 처음이다.

놀라운 것은 갈릴레이가 측정한 가속도의 값이 어떤 물체나 모두 $9.8m/s^2$ 라는 것이다. 이는 추락하는 모든 물체가 1초마다 9.8m씩 더 빨리 가게 된다는 것과 무거운 것이나 가벼운 것이나 같은 높이에서 떨어졌을 때에는 동시에 떨어진다는 것을 의미한다.

이것은 아리스토텔레스의 이론을 정면으로 뒤집는 것으로, 아리스토텔레스는 무거운 물체를 아래로 떨어뜨리는 것은 자연적인 일이기 때문에 떨어지는 속도도 빠르며, 가벼운 물체를 아래로 떨어뜨리는 것은 공기가 억지로 가벼운 물체를 눌러야 하는 비자연적인 운동이기 때문에 속도가 느리다고 하였다.

갈릴레이는 중력 가속도를 측정하기 위해 경사면을 만들어 공이 굴러가는 시간을 측정했는데, 바로 떨어지는 물체는 속도가 너무 빨라 측정이 어려웠기 때문이라고 밝혔다.

"어떤 것도 정지해 있다고 말하기 힘들다"

네덜란드에서 출간한 책 『두 가지 새로운 과학에 관한 논의와 수학적 논증』은 과학자들 사이에서 '역학 혁명'이라는 말을 듣고 있다. 이는 갈릴레이가 밝힌 역학 이론이 지동설의 증거가 되기 때문이다. 갈릴레이는 "어떤 것도 정지해 있다고 말하기 힘들다"고 말하면서 운동 상태와 정지 상태의 구분을 없앴다. 예를 들어 우리가 날아다니는 마차에

꼼짝하지 않고 앉아 있다고 가정해 보자. 날아다니는 마차 안에는 덜컹거림조차 없다. 그렇다면 과연 우리는 정지해 있는 걸까? 아니다. 마차에 의해서 움직이고 있는 것이다. 우리는 움직이고 있지만 마차와 같이 운동하기 때문에 느끼지 못하는 것이다. 이는 지구 위의 사람들이 지구가 도는 것을 느끼지 못하더라도 지구는 돌고 있다는 갈릴레오의 주장, 바로 지동설의 증거가 된다는 설명이다.

뿐만 아니라 운동의 구분이 없어지면서 여러 가지 운동은 복합될 수 있게 되었다. 아리스토텔레스는 위로 향하는 운동, 아래로 향하는 운동, 앞으로 향하는 운동이 모두 구분되어 있기 때문에, 위로 향하면서 앞으로 나아가는 운동 같은 것은 있을 수 없다고 생각했다. 반면 갈릴레이는 이것을 가능하게 만들었고, 그 결과 포물선 같은 복잡한 운동의 과정도 설명할 수가 있게 되었다.

오페라를 위한 극장 건립

오페라, 문화를 이끌 새로운 장르로 주목

세계 최초의 오페라극장이 이탈리아 베네치아에 세워졌다(1637년). 1957년 피렌체의 바르디 백작 저택에서 탄생한 오페라는 전체 대사가 노래로 이루어진 극으로 많은 사람들의 사랑을 받으며 빠른 속도로 번져나가고 있다. 최초의 오페라는 시인 리누치니와 작곡가 페리 등이 그리스 신화를 극으로 꾸민 〈다프네〉인데, 이것은 이들의 또 다른 작품인 〈에우리디케〉(1600년)와 함께 수많은 관객을 불러 모으는 데 성공했다. 이들 작품들이 성공을 거두자 많은 작곡가들이 잇따라 오페라 작품을 발표했는데, 특히 베네치아의 몬테베르디는 극으로서 오페라를 완성했다는 평을 받으며 왕성한 활동을 하고 있다.

최초의 오페라 극장인 산 카시아노극장은 급속도로 번져 나가는 오페라의 인기를 반영하는 것으로써, 유럽의 다른 나라에서도 오페라극장 건립을 계획하고 있다고 한다. 이들 오페라극장은 새로운 공연 문화를 일으킬 것으로 전망된다.

윌리엄 하비

혈액순환설 주장

1628년

- 스넬, 스넬의 법칙(굴절의 법칙) 발견
- 갈릴레이, 동력학의 기초 확립(1638년)
- 레벤후크, 단순 현미경 발명(1660년)
- 보일, 원소 개념 제창(1661년)
- 훅, 세포 발견(1665년)

혈액도 천체처럼 돈다

하비, 심장 중심의 혈액순환설 발표
1400여년 동안 이어 온 갈레노스의 의학 무너지다

기원전부터 시작되어 최근까지도 의학계의 정설로 여겨졌던 갈레노스(130~200년, 고대 로마 시대의 의사, 갈렌이라고도 함)의 의학이 무너질 위기에 놓였다. 영국의 의학자 윌리엄 하비(1578~1657년)가 1628년 '혈액순환설'을 발표함으로써 의학계가 새로운 국면을 맞이했

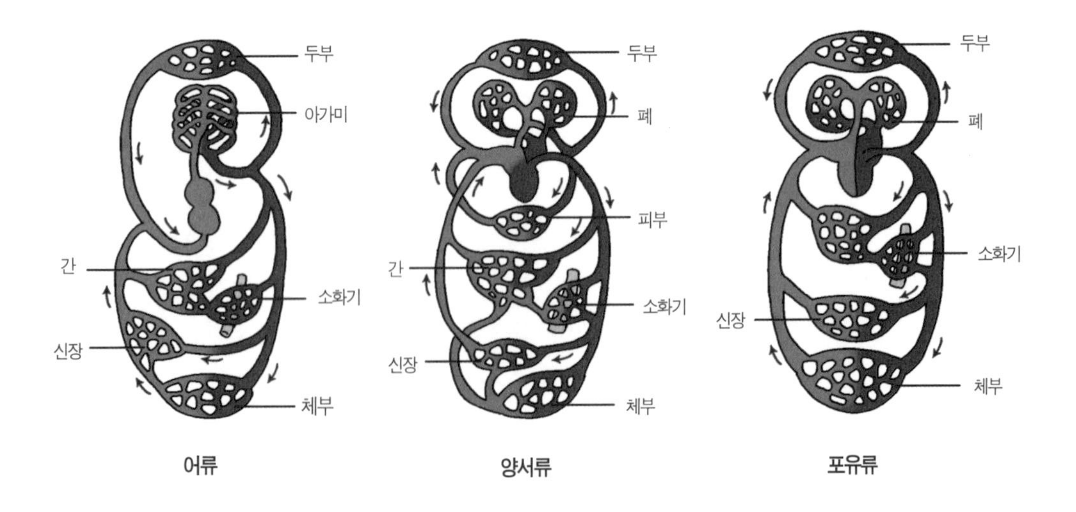

기 때문이다.

요즘 과학계를 대변하는 단어는 '순환' 인 듯하다. 과학계는 1543년 코페르니쿠스가 '지구가 돈다' 는 주장이 담긴 책을 출판함으로써 큰 돌풍이 일어난 바 있다. 그런데 이번에는 윌리엄 하비가 사람 몸속의 혈액이 끊임없이 순환한다고 주장해 생물학계와 의학계에 큰 화제를 불러일으키고 있다.

더욱이 이는 의학계의 정설로 인정받아 온 갈레노스의 학설에 정면으로 맞서는 내용으로서 큰 파장이 예상되고 있다. 지금까지는 인체의 혈액이 정맥 끝에서 만들어져 동맥 끝에서 없어지는 과정이 반복되는 것으로 알려져 있었다.

윌리엄 하비는 순환설과 더불어 최근 과학계의 동향과 잘 맞아떨어지는 이론을 펼쳤는데, 이는 천문학계에서 불고 있는 지동설(태양중심설)과 흡사한 인체의 심장중심설이다. 그의 주장에 따르면 우리 인체는 우주의 축소판이며, 그 중심은 바로 심장이라는 것이다. 태양을 중심으로 행성이 원 운동을 하듯이, 혈액은 심장을 중심으로 끊임없이 순환한다는 설명이다.

윌리엄 하비는 아리스토텔레스에게서 많은 영감을 얻었다고 한다. 아리스토텔레스는 인체의 중심이 심장이며, 나아가 사고하는 능력까지도 심장에서 비롯된다고 말한 바 있다.

스스로 실험대상이 되기도, 역학적 체계 구축

하비는 정맥의 혈액이 심장을 지나 동맥으로 흐르고 이 혈액이 다시 정맥으로 순환되는 과정으로 자신의 혈액순환설을 정리했다. 혈액은 이처럼 언제나 일방통행으로 순환하는데, 뒤엉키지 않고 일정한 흐름을 유지하는 것은 판막 때문이라고 밝혔다. 정맥의 판막은 피를 심장 쪽으로만 흐르도록 하고 심장의 판막은 동맥 쪽으로만 흐르도록 한다는 것.

하비는 자신의 주장을 증명하기 위해 동물은 물론 자신을 직접 실험대상으로 삼기도 했는데, 그의 실험은 상당한 설득력을 얻고 있다. 자신의 팔을 철사로 묶어 피가 통하지 않게 한 후 육안으로 볼 수 있는 정맥과 동맥의 변화를 통해 피가 순환한다는 것을 보여준 것이다.

동물실험을 통해서는 심장이 속이 빈 근육이라는 사실을 밝혀냈으며, 바로 이 점이 혈액순환의 원동력이라고 주장했다. 그는 심장의 수축운동을 펌프에 비유하며 심장 근육이 수축하는 힘으로 혈액이 돈다고 설명했다. 이로써 하비의 혈액순환설은 역학적 체계까지 구축했다는 평가를 받고 있다.

이렇게 인체를 기계에 비유하는 사상은 하비 이전에도 많은 사람들이 사용해 왔다. 레오나르도 다 빈치는 동물의 골격이 지레의 작용을 한다고 주장한 바 있으며, 인간의 내부기관에 관해 연구하던 보렐리(1608~1679년, 이탈리아의 생리학자 · 물리학자)는 심장을 실린더 속의 피스톤에, 허파는 한 쌍의 풀무에, 위는 음식을 빻는 기계에 비유하였다.

윌리엄 하비의 혈액순환설은 아리스토텔레스의 사상과 베이컨이 주장한 실험적 방법, 그리고 기계론을 기묘하게 조화시킨 이론이라고 평가되고 있다. 그러나 동맥과 정맥의 연결통로를 끝내 제시하지 못한 점은 큰 아쉬움으로 남는다.

혈액순환을 증명하기 위한 하비의 결찰사 실험

하비는 정맥은 팔 표면 가까이에 있고 동맥은 보다 깊은 곳에 있다는 점을 이용하여 혈액순환을 보여 주고자 했다.

1. 철사로 자신의 팔을 세게 동여맴으로써 정맥과 동맥의 흐름을 모두 차단하였다. 그러자 심장에서 가까운 팔 위쪽이 부어올랐다. 이것은 심장에서 흘러나온 피가 동맥으로 흐르지 못해서 나타나는 현상이다.
2. 철사로 자신의 팔을 느슨하게 묶어 정맥의 흐름만 차단되도록 하였다. 그러자 심장에서 먼 쪽의 팔이 부어올랐다. 이것은 혈액이 심장에서 동맥으로, 동맥에서 정맥으로 흘러 들어가려다 정맥이 막혀 심장으로 흐르지 못해 나타나는 현상이다.

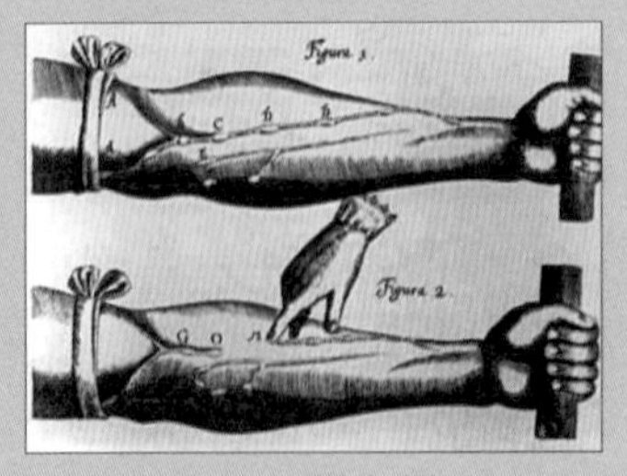
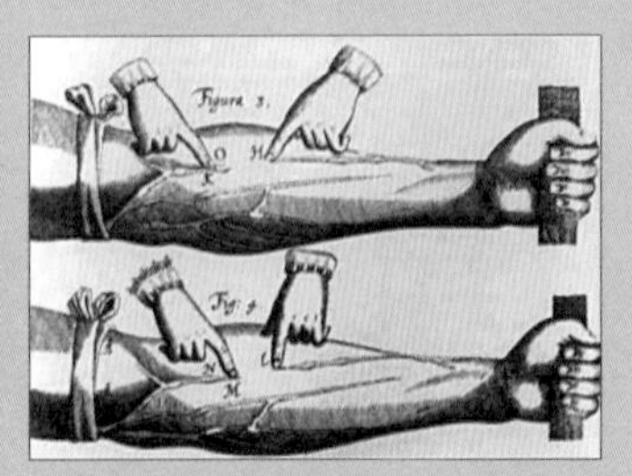

결찰사 실험 On the Circulataion of the Blood(1628년)

타임머신 칼럼

하비, 죽어 있던 진리를 살려내다

예병일 (연세대 원주의대 교수)

하비가 위대한 학자로 여겨지는 것은 시대를 뛰어넘는 업적을 이루었기 때문이다. 르네상스기를 거치면서 인본주의가 탄생했다고는 하지만 오늘날처럼 교통과 통신이 발달하지 않은 당시 상황에서는 중세를 지배해 온 갈레노스의 이론에 반대하기 위해 목숨까지 걸어야만 했다.

바로 이 시기에 하비는 관찰과 실험을 통해 혈액이 지속적으로 생성된다는 갈레노스의 이론이 틀렸음을 지적하고, 누구나 인정하지 않을 수 없는 확실한 연구결과를 제시함으로써 혈액이 심장을 중심으로 순환한다는 사실을 증명해 낸 것이다.

하비가 자신의 이론을 완성한 것은 1616년이었다. 하지만 기존의 진리를 뒤집는 주장은 거대한 반론에 직면한다는 것을 알고 있던 하비는 이를 두려워한 나머지 12년의 잠복기를 가진 후에야 자신의 의견을 책으로 발표한다. 그러자 사람들은 하비를 미친 사람 취급했고, 그의 진

료실을 찾던 환자들 수는 급격히 감소했다.

크루크생크라는 역사가는 당시의 상황에 대해 다음과 같은 기록을 남겼다.

'반대론자들은 하비가 틀렸음을 증명하려 했으나 그럴수록 그가 옳다는 결과만을 얻었다. 그러자 이번에는 하비의 이론이 오래 전부터 알려져 있던 사실이라고 주장했다. 하지만 하비 외에는 그 사실을 증명한 사람이 아무도 없다는 것이 알려지자 그의 이론이 의학 발전에 어떤 영향도 미치지 못하는 쓸데없는 발견이라는 식으로 태도를 바꾸었다.'

혈액순환을 증명한 것은 하비이시만, 이전에도 이론적으로나마 혈액순환을 주장한 이들이 있었다. 이집트의 파피루스와 중국의 『황제내경』에 이미 혈액순환에 대한 내용이 기술되어 있으며, 13세기 이집트의 이븐안나피스도 혈액이 폐를 순환한다는 기록을 남겼다.

또 스페인의 세르베투스 역시 1553년 혈액이 폐를 통과할 때 색깔이 바뀐다는 내용을 기술한 바 있다. 그는 이 점을 언급한 저서의 내용으로 이단으로 몰려 화형에 처해졌다. 그 밖에도 몇몇 학자들이 혈액순환과 관련된 주장을 했으나 증거를 제시하지는 못했다.

혈액이 순환한다는 하비의 이론은 실험적으로 증명됐지만, 동맥을 따라 흘러간 피가 어떻게 정맥으로 옮겨가는지를 설명하기 위해서는 33년을 더 기다려야 했다.

1661년 말피기는 모세혈관을 발견함으로써 동맥의 피가 정맥으로 전해진다는 하비의 주장이 사실임을 입증했다. 피부가 칼에 베일 때 혈관이 보이지 않는데도 피가 흐르는 것은 작은 모세혈관을 통해 피가 흘러나오기 때문이다. 다만 하비가 연구에 몰두했던 시기에는 현미경이 발달하지 않아 모세혈관을 발견해낼 수 없었던 것이다.

최고 권위의 해부학 입문서 『인체 해부에 관하여』

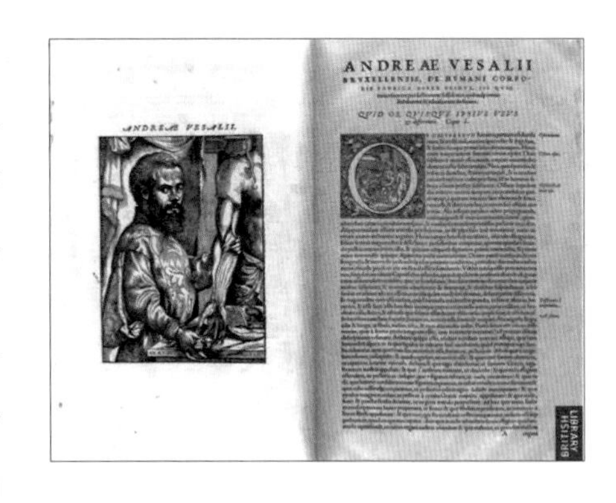
ANDREAE VESALII

코페르니쿠스의 『천체의 회전에 관하여』가 출간되던 1543년에 세상을 놀라게 한 또 한 권의 책이 있었다. 해부에 대한 자세한 설명과 함께 대단히 세밀한 그림이 실려 있는 『인체 해부에 관하여』가 그것이다.

이 책의 저자 안드레아스 베살리우스는 당시 의학계에서도 놀라운 존재였다. 르네상스 시대의 멋쟁이들 앞에서 직접 시체를 해부하는 그의 모습은 실로 충격적인 것이었다. 당시 해부학 교수들은 해부는 고용한 사람에게 맡기고 본인은 멀찌감치 떨어진 곳에서 긴 막대기로 장기를 가리키며 강의를 했다.

이에 대해 베살리우스는 "잘 알지도 못하는 것을 가르치고 어리석은 질문으로 시간을 낭비한다"고 강하게 비판하며 직접 관찰하고 연구해야만 정확히 알 수 있다고 주장했다. 실제로 그의 제자들은 고기를 먹을 때에도 힘줄을 관찰하도록 배웠다고 한다. 뼈대와 내장 그리고 근육에 이르기까지, 매우 자세한 설명과 함께 칼카르가 그린 정밀한 그림이 실린 『인체 해부에 관하여』는 이런 과정을 통해 탄생한 것이다.

이 책에서 베살리우스는 약 1000년 동안 유럽인들이 신봉해 온 갈레노스의 오류를 일일이 지적하고 정정하였다. 나아가 의학계에서 누리는 갈레노스의 절대적인 권위의 부당함을 고발했다. 이 책은 100여 년이 지난 지금까지 인체 구조를 설명해 주는 교재로, 의사들의 참고서로 각광받고 있다.

안드레아스 베살리우스는 1514년 벨기에 브뤼셀에서 태어나 1537년 파도바 대학에서 의사 자격을 얻고 해부학 겸 외과학교수가 되었다. 또 1544년 찰스 5세의 주치의로서 그의 군대를 따라 각지를 이동하며 전선 외과의로 활약하였다. 1564년 숨이 붙어 있는 어떤 귀족을 해부하는 잘못을 저지른 후, 과오를 보상하기 위한 성지 순례를 마치고 돌아오는 도중 사망하였다.

특집기사

"관찰과 실험만이 진리에 이르는 길"

과학혁명, 2000년 만에 얻은 지적 자유

최근 과학계에서는 거의 모든 분야에서 놀라운 성과가 잇따르고 있다. 이는 망원경에 이어 현미경 등을 실용화시킨 기술의 발달과 더불어 과학자들의 정열적인 연구에 힘입은 결과다.

지구과학계는 과학혁명의 선두로 인정받는 갈릴레이를 비롯하여 행성 운행에 관한 놀라운 이론을 발표한 케플러, 그들의 뒤를 이어 새로운 지도자로 떠오르는 아이작 뉴턴으로 대표된다.

베살리우스에서부터 시작된 의학계의 혁명은 혈액순환을 밝혀낸 윌리엄 하비와 『곤충에 관한 실험』으로 아리스토텔레스의 자연발생학(생명체가 무無에서 발생하였다는 이론)을 무너뜨린 프란체스코 레디 등을 꼽을 수 있다.

그러나 무엇보다도 중요한 성과는 이 시대의 과학이 시난 2000년 동인 과학계를 지배해 온 아리스토텔레스의 세계관에서 완전히 벗어났다는 데 있다. 이제 과학자들은 책에 기록된 내용을 무조건 믿지 않는다. 그들이 발견한 사실이 책의 내용과 다르면 그들은 과감히 새로운 이론을 만들어낸다. 그리고 새로운 이론에 대한 진실 여부는 실험과 관찰에 근거해 판단한다. 이제 과학자들은 낡은 사고를 버리고 진리를 향해 새로운 도전을 하고 있는 것이다.

이는 혁명이라고 부를 수 있을 만큼 실로 엄청난 변화이다. 지금을 '과학혁명의 시대'라고 부르는 것도 바로 이 때문이다. 2000년 만에 찾아온 과학계의 혁명은 다른 혁명과는 달리 아주 천천히 이루어지되 급진적이고 폭력적인 그 어떤 혁명보다 많은 사람들의 삶에 깊이 파고들어가 큰 파장을 불러일으킬 것으로 예상된다.

과학혁명을 이끈 철학자, 베이컨 & 데카르트

사고의 전환은 관찰과 실험에 몰두하는 과학자들 이외에 사고의 체계를 다루는 학자들을 요구하고 있다. 과학자인 동시에 철학자인 프랜시스 베이컨과 르네 데카르트는 이러한 시대적 요구에 부응한 학자들이다. 이들은 과학자들의 자연을 바라보는 시각과 관찰하고 실험하는 자세에 대한 이론을 정립했다.

프랜시스 베이컨, "아는 것이 힘"

유명한 작가이면서 정치가이기도 한 프랜시스 베이컨은 과학자들의 연구가 사회에 얼마나 많은 영향을 미치는지에 대해 설명하면서 "과학은 인간을 위해 존재해야 하며 보다 편리한 인간의 삶에 기여해야 한다"고 말했다. 또한 "아는 것이 힘"이라는 유명한 격언을 빌려 연구에 투자하는 것이 얼마나 중요한지를 역설했다. 대학과 연구에 투자한 사회는 그렇지 못한 사회에 비해 더 부강해질 뿐만 아니라 구성원들이 보다 나은 삶을 영위하도록 할 수 있다고 주장했다.

자연의 진리를 발견하는 방법에 대해 많은 연구를 한 그는 직접 과학 실험을 하기도 했다. 그의 실험 가운데 가장 유명한 것은 1626년에 그의 목숨을 빼앗은 '고기 보관 방법' 에 관한 것이었다. 추운 겨울날 얼린 고기가 더 잘 보관되는지를 확인하기 위해 고기에 눈을 가득 채우는 실험을 했는데, 이때 걸린 감기가 폐렴으로 발전해 목숨을 잃고 말았던 것이다.

르네 데카르트, 모든 문제를 푸는 규칙 제시

수를 표현하는 방법으로 그래프와 도표를 처음 도입한 유명한 수학자이자 과학자인 르네 데카르트 역시 과학혁명에 중요한 역할을 한 철학자이다. 그는 인간의 사고력은 자연에서 일어나는 모든 문제를 해결할 수 있다고 주장했다. 단, 몇 가지 규칙만 지킨다면.

그의 저서 『방법서설』에 소개된 그 규칙은 다음과 같은 것이다.

첫째, 완전히 확신할 수 있는 것 외에는 모두 의심하라 — 깊이 생각하여 아무런 의혹도 없는 것만 믿으라는 말이다. 그의 유명한 말 "나는 생각한다. 고로 나는 존재한다"는 여기에서 비롯되었다. 그는 이것을 '자명한 명제' 라고 부르는데, 다른 설명이나 근거 제시가 필요 없이 스스로 참임을 증명하는 명제라는 뜻이다. 그는 세계에 관한 모든 인식이 여기에서 시작된다고 설명했다.

둘째, 큰 문제는 작은 부분으로 쪼개어 하나씩 해결하라 — 아무리 어렵고 큰 문제더라도 작은 부분부터 해결하면 풀 수 있다는 말이다.

셋째, 문제가 많으면 가장 간단한 것부터 해결하라 — 어려운 문제를 해결하기 위해서는 체계적인 사고가 필요하다는 말이다. 두 번째, 세 번째 규칙은 특히 과학자들에게 유용한데, 연구가 복잡한 것일수록 다루기 쉽도록 만드는 것이 중요하기 때문이다.

마지막으로, 모든 것을 전체적으로 파악하라 — 여기에서 중요한 것은 어떤 부분에서도 소홀하지 않았다는 확신을 갖는 것이라고 한다. 그것을 위해 과학자들은 연구한 모든 것들을 전체적으로 파악해야만 한다.

새로 나온 책

동방의학을 집대성한 허준의 『동의보감』

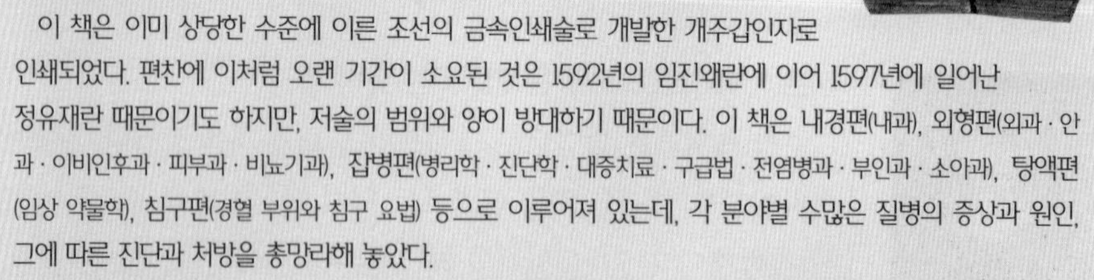

조선의 14대 왕 선조의 명으로 1596년에 편찬 작업에 들어가 14년 만인 1610년에 완성된 『동의보감』(총 25권 25책)이 마침내 인쇄 · 간행되었다(1613년 11월).

이 책은 이미 상당한 수준에 이른 조선의 금속인쇄술로 개발한 개주갑인자로 인쇄되었다. 편찬에 이처럼 오랜 기간이 소요된 것은 1592년의 임진왜란에 이어 1597년에 일어난 정유재란 때문이기도 하지만, 저술의 범위와 양이 방대하기 때문이다. 이 책은 내경편(내과), 외형편(외과 · 안과 · 이비인후과 · 피부과 · 비뇨기과), 잡병편(병리학 · 진단학 · 대증치료 · 구급법 · 전염병과 · 부인과 · 소아과), 탕액편(임상 약물학), 침구편(경혈 부위와 침구 요법) 등으로 이루어져 있는데, 각 분야별 수많은 질병의 증상과 원인, 그에 따른 진단과 처방을 총망라해 놓았다.

이 책의 저자는 왕의 주치의인 어의 허준(1546~1615년)으로, 조선은 물론 아시아의 한방의학 발전에 큰 영향을 미쳤다는 평이 나오고 있다. 이에 일본과 중국의 청나라를 비롯한 아시아의 여러 나라에서 이를 번역하려는 움직임이 일고 있다.

칼 린네

생물분류법의 기초 확립

1733년

- 핼리, 핼리혜성 발견(1705년)
- 스팔란차니, 미생물의 자연발생 부정(1765년)
- 허셜, 천왕성 발견(1781년)

'분류광' 칼 린네, 1만 8천여 동식물 분류에 성공

체계적이고 일관성 있는 이명법으로 이름 부여

고대에는 500종의 식물만 분류해도 큰 주목을 받았다. 16세기 스위스 식물학자 바우힌은 6천 종의 식물을 분류하고 이명법으로 이름을 붙였다. '이명법'이란 말 그대로 어떤 식물에게 두 가지 이름을 주어서 구별이 잘 되도록 하는 방법.

이러한 식물분류학이 다시 한 번 큰 도약을 할 수 있게 되었다. 스웨덴의 식물학자 칼 린네(1707~1778년)가 무려 1만 8천 종의 동 · 식물을 손수 분류하고 이명법을 통해 이름을 부여하는 업적을 이룬 덕분이다. 1741년부터 웁살라 대학의 식물학 교수로 재직중인 칼 린네는 세계 각지에서 유럽으로 들어온 식물들을 모아 이를 체계적으로 분류했다.

분류학에는 두 가지 전통이 있는데, 생물의

한두 가지 특징을 기준으로 인위적으로 분류하는 '인위적 분류' 방법과 생물의 많은 특징들을 조사해서 비슷한 것끼리 분류하는 '자연적 분류' 방법이 그것이다. 린네는 이 중 인위적 분류 방법을 선택했다. 그는 식물의 생식기관의 특징을 기준으로 강 · 목 · 속 · 종으로 분류하고, 바우힌처럼 이명법을 이용하여 속의 이름과 종의 이름을 조합했다.

그의 측근에 의하면 린네는 평소 분류하는 것 자체를 즐긴다고 한다. 각종 동 · 식물은 물론 광물이나 질병까지도 분류해 놓은 것으로 전해진다. 심지어 지금까지의 과학자들을 두고 자신을 대장으로 삼아 군대 계급으로 분류한 적도 있다고 한다. 그런 그를 두고 주변사람들은 '분류광 칼 린네' 라고 부르곤 한다.

린네의 명성이 널리 알려지자 많은 제자들이 몰려들어 알려지지 않은 식물들을 찾아 탐험하는 데 열을 올리기 시작했다. 실제로 탐험대마다 린네의 제자들이 약방의 감초처럼 끼어 있다고 한다. 1768~1771년에 걸쳐 최초의 항해에 나선 쿡 선장도 린네의 제자 솔랜더를 대동했다.

한편 프랑스 파리의 왕립 식물원장인 뷔퐁(1707~1788년)은 린네의 인위적 분류에 대해 강하게 반발하고 있다. 자연계에는 인위적으로 나뉘는 강 · 목 · 속 · 종이 존재하지 않으며, 그러한 인위적인 체계는 사람의 마음이 만들어낸 것일 뿐이라는 주장이다. 나아가 그는 여러 동물의 종 사이에 존재하는 유사점을 연구하여 생물의 종 가운데 완전한 형태

분류학의 계보

인위적 분류 방법

— 한두 가지 특성에 따라 분류
— 생물 종간의 위계적 질서 강조
— 가톨릭에서 환영

- 체살피노, "뿌리와 열매로 식물을 분류해야 한다."
- 말피기, "모든 생물을 수직 사다리로 분류해야 한다."
- 린네, "꽃술에 따라 식물을 분류해야 한다."

자연적 분류 방법

— 특징이 비슷한 생물끼리 분류
— 생물 종간의 친화성 강조
— 프로테스탄트에서 환영

- 로벨리우스, 바우힌, 론 레이, 뷔퐁, "인위적으로 체계를 만드는 것은 무의미하다. 모든 생물 사이에는 미세하고 연속적인 차이가 있을 뿐이다."

에서 퇴화한 종들이 여럿 있다는 주장도 덧붙였다. 가령 당나귀는 말이 퇴화한 것이고 유인원이나 원숭이는 인간이 퇴화했다는 것이다. 이런 식의 퇴화 이론은 플라톤 때부터 있어 왔지만 18세기에 들어서면서 설득력을 잃고 있다.

일부 비판적인 의견이 있기는 하지만 린네가 생물분류법의 기초를 확립했다는 평가가 지배적이다.

베링, 아시아와 아메리카 사이 해협 발견

러시아의 항해가 베링(1681~1741년)이 아시아의 시베리아와 아메리카 대륙 사이의 해협을 발견했다. 그동안 서로 연결되어 있다고 알려져 있던 시베리아와 북아메리카가 이번 베링의 발견으로 분리되어 있음이 확인되었다. 이로써 이 해협은 베링의 이름을 따 '베링 해협' 으로 불리게 되었다.

베링은 1728년 7월 13일에 항해를 시작해 8월에 베링 해협을 거쳐 북극해에 진입했다고 한다. 아쉬운 점은 탐사기간 내내 악천후가 계속되어 북아메리카 해안을 눈으로 확인하지는 못했다는 사실. 베링은 또한 북아메리카의 알래스카 탐험을 통해 러시아로 하여금 북아메리카 대륙 진출의 거점을 마련해줌으로써 러시아 정부로부터 환영을 받고 있다.

사이언스툰 부모의 마음

타임머신 칼럼

분류학에서의 린네의 공헌

전성수 (경원대 교양학부 교수)

사람들은 편의상 어떤 기준을 정해 사물을 종류별로 나누거나 서로 묶기를 좋아한다. 예를 들면 물건이나 도구를 용도와 목적에 따라 의자, 책상, 침대 등으로 분류하는 식이다. 이런 분류 덕분에 우리는 처음 보는 물건이 있더라도 즉각 그것이 어떤 종류의 물건이며 그 용도와 속성이 무엇인지 간파할 수 있다. 만일 디자인이 전혀 새로운 자동차가 시중에 처음 나왔다 하더라도 대부분의 사람들은 즉각 그것이 자동차이며 수송목적으로 사용되는 기계라는 것을 알아차리게 될 것이다.

생물체도 마찬가지다. 사람들은 이미 오래 전부터 생물을 각각의 목적과 기준에 따라 식용생물이나 비식용생물, 육상생물 혹은 바다생물, 날짐승이나 들짐승 등으로 분류해 왔다.

동물생리학, 해부학, 발생학 등의 여러 분야에서 생물학의 아버지로 지칭되는 아리스토텔레스는 동물분류학의 아버지이기도 하다. 그는 인위적인 분류체계를 사용하되 이전과는 달리 생물체의 중요한 형질을 기준으로 삼았다. 즉 혈액의 유무와 생식 방법에 따라 생물체를 오늘날의 척추동물과 무척추동물, 그리고 난생과 태생 등으로 나누었다. 또한 여러 형질에 근거하고 생물체 간의 유사성을 중시하는 등 오늘날

의 자연적인 분류체계에 근접한 방식을 사용했다.

비슷한 시기, 식물학의 아버지라 불리는 테오프라스토스는 식물을 분류하여 목본류, 관목류, 작은 관목류, 초본류 등으로 나누었다. 그러나 진정으로 생물분류의 체계를 확립한 사람은 칼 린네로서, 1758년 그가 출간한 『자연의 체계』는 생물분류학의 지침서가 된다.

린네는 아리스토텔레스와 마찬가지로 인위적인 분류체계를 사용했다. 비록 외형적인 모습에 중점을 두긴 했지만 한두 가지의 특징만을 기준으로 삼지 않고 당시 발달하기 시작한 해부학 · 생리학적인 지식을 활용하여 심장의 형태, 생식 유형, 냉온혈 등의 여러 가지 특징을 반영하고자 했다. 아울러 생물체를 중요한 특징에 따라 종, 속, 과, 목, 강, 문, 계 식으로 소그룹에서 대그룹으로 분류하는 한편, 명칭의 통일성을 위해 죽은 언어인 라틴어를 활용하여 종명과 속명으로 생물체를 지칭하는 이명법을 일반화시켰다. 그는 심지어 자신의 이름마저 라틴어 방식대로 카를로스 린네우스로 바꾸었다.

비록 그의 분류법은 훗날 인위적인 체계라는 비판과 함께 마이어가 제안한 생물학적 종의 개념 즉, '종은 서로 교배가 가능한 자연집단'이라는 생각으로부터 도전을 받지만 여전히 가장 널리 사용되고 있다.

자연과학의 발전은 그 분야가 도약하기에 마땅한 시기에 뛰어난 과학자의 활약에 힘입어 이루어진다. 특별한 천재의 등장은 독창적인 아이디어를 창안하고 사고의 변혁을 일으켜 보통 그 시기를 앞당긴다. 물리학에서의 뉴턴과 아인슈타인, 생물학에서의 다윈과 멘델도 그러한 경우다.

그러나 기존지식을 정리하고 여기에다 새로운 지식을 병합하여 체계화하는 능력 또한 무시할 수는 없다. 린네는 바로 이점에서 인류에 커다란 공헌을 했다. 린네가 없었다면 우리는 포유류의 특징을 파악하기 위해, 한 종류의 포유류가 아닌 4,000여종에 이르는 현존 포유류를 모두 연구해야 했을 것이다. 그 수고를 한번 상상해 보라!

천체의 실제 위치는 지구에서 관측하는 것과 같을까?

지구 공전의 직접적인 증거, 광행차 발견

영국의 천문학자 제임스 브래들리에 의하면 천체의 실제 위치는 우리가 관찰하는 겉보기 위치와 차이가 있다고 한다. 지구에서 관측하는 순간 실제 위치는 이미 변한 상태라는 것. 이는 관측자의 위치가 바뀌어 일어나는 현상으로 지구의 공전 사실을 뒷받침하는 직접적인 증거이다. 이로써 지구의 공전은 부인할 수 없는 사실이 되었다. 지구의 자전과 공전 때문인데 생기는 이러한 현상을 학자들은 '광행차' 라고 한다.

브래들리의 광행차 발견은 용자리의 연주시차를 측정하던 중 우연히 일어난 일이다. 그는 소년시절부터 삼촌에게 천문관측을 배워 왔으며, 옥스퍼드 대학 졸업 후 태양의 시차 측정과 목성의 위성 관측에 몰두해 왔다.

호기심 Q&A

Q : 고래는 어류가 아니고 거미는 곤충이, 박쥐는 새가 아닌 이유는 무엇인가요?

A : 생물 분류에 있어 이처럼 상식에 어긋난(?) 분류가 눈에 띄기도 합니다. 이것이 바로 분류학의 묘미라고도 할 수 있습니다. 분류학은 그저 눈에 보이는 대로 비슷한 동식물을 나누거나 묶는 작업이 아니니까요.

린네는 생물들을 분류할 때 일정한 기준에 따랐습니다. 그래서 겉모습은 달라도 습성이나 생태 등의 분류 기준에 따라 같은 무리로 분류되는 경우가 있지요. 고래는 물에서 살기 때문에 겉으로 보이는 모습은 어류 같지만, 알이 아닌 새끼를 낳고 젖을 먹이는 등의 특징을 가지므로 포유류로 분류합니다. 또 거미는 언뜻 곤충 같아 보이지만, 자세히 들여다보면 거미에게는 곤충의 특성이 그다지 많지 않습니다. 오히려 전갈이나 진드기와 비슷해서 거미는 거미강 거미목으로 따로 분류합니다.

또 박쥐는 날개는 있지만 조류도 아니거니와 이름에 나와 있는 쥐와도 관련이 없습니다. 박쥐는 포유류 중에서 유일하게 날 수 있는 동물이지요.

그러고 보니 린네가 아니었다면 고래는 어류로, 거미는 곤충으로, 박쥐는 새로 불리고 있을지도 모르는 일이군요.

라마르크
용불용설 제창

- 와트, 증기기관 개량(1765년)
- 캐번디시, 수소 발견(1766년)
- 샤를, 샤를의 법칙 발표(1787년)

1809년

라마르크, 『동물 철학』 발표

획득 형질 유전, 용불용설 주장
진화 여부 두고 학계와 종교계 논란

"왜 기린의 목은 길까? 두더지의 눈은 왜 거의 기능을 하지 못하지?"

너무나 당연하게 여겼던 동물들의 모습에 이유가 있다는 주장이 나왔다. 화제의 주인공은 바로 프랑스 생물학자 라마르크(1744~1829년). 그는 『동물 철학』이란 저서를 통해 동물은 진화한다고 주장하면서, 진화가 일어나는 근거를 포괄적으로 제시했다.

동물이 진화한다는 주장은 라마르크가 처음 꺼낸 것은 아니지만, 나름의 학문적 근거와 이론적 체계를 갖춘 것으로 평가되기 때문에 많은 주목을 받고 있는 것이다.

그가 주장한 내용 중 가장 이목을 끄는 부분은 환경에 의한 획득 형질이 유전되어 진화가 일어난다는 것. 즉 환경에 따라 기관이 발달 혹은 변형될 수 있고 쓰지 않는 기관은 퇴화하는데, 이러한 획득 형질은 다음 세대로 유전된다는 것이다. 이른바 '용불용설(用不用說)' 이론이다.

그런데 라마르크가 처음부터 용불용설을 주장했던 것은 아니다. 연구를 시작할 당시에는 자연이 가장 불완전한 동물에서 가장 완전한 동물에 이르기까지 계속해서 동물들을 만들어낸다고 믿고 있었다. 그리고 그 동물들을 시간 순서대로 정리하면 완전한 직선 사다리가 될 것이라고 주장했다. 하지만 화석이나 지층 연구가 활발해짐에 따라 종의 발전이 직선 사다리 형태가 아닌 나무 모양과 같은 계통수로 뻗어 나간다는 것이 알려지자, 동물들이 계통수를 이루며 진화해 나가는 원인에 대하여 연구하기에 이른 것이다. 그리고 마침내 환경에 적응하려는 동물들의 자발적 노력이 진화의 원인이라는 결론을 내리게 되었다는 설명이다.

라마르크가 주장하는 획득 형질이란 환경에 적응하기 위해서 어떤 기관을 사용하지 않거나 유독 많이 사용하는 경우를 말한다. 그는 높은 나무의 잎사귀를 먹기 위한 노력을 거듭하다가 목이 길어진 기린과 많은 세대에 걸쳐 땅 속 생활을 계속함으로써 눈이 쓸모없어진 두더지의 경우를 예로 들었다.

그러나 라마르크의 용불용설은 구체적인 증거를 드는 데에는 실패했다. 그 때문에 진화론을 반대하는 보수 진영에서는 라마르크를 강하게 비판하고 있지만, 그에 못지않게 그의 이론을 지지하는 사람들도 점차 늘어나고 있다. 한편 학계에서는 용불용설을 응용하여 또 다른 진화론을 연구하는 시도들이 이어지고 있다.

라마르크의 용불용설은 이론의 진실 여부를 떠나 생물학과 진화론에 크게 기여한 것으로 평가할 수 있다. 자연의 변화를 종교나 기적의 힘을 빌리지 않고 자연의 법칙 안에서 설명을 시도했다는 것이 바로 그 이유이다.

타임머신 칼럼

용불용설의 참과 거짓

라마르크의 『동물 철학』은 당시 생물학계에서 끊임없이 제기되어 오던 진화설에 대한 근거를 제시해 큰 반향을 불러일으켰다. 그 핵심 내용은 두 가지로 정리할 수 있는데, 하나는 '동물의 기관은 자주 쓰면 점점 강해지거나 커지며 오랫동안 사용하지 않는 기관은 약해지거나 작아져 결국에는 거의 사라지고 만다' 는 것이다. 그리고 나머지 하나는 이렇게 '획득한 형질이 다음 세대로 유전된다' 는 것.

그런데 정말 후천적 · 환경적으로 획득한 형질이 다음 세대로 유전되는 것일까? 그의 두 번째 가설은 이후 많은 실험과 관찰을 통해 잘못된 것으로 드러났다. 라마르크의 주장과는 달리 환경에 의해 획득한 형질은 유전되지 않는다는 것이다.

중국의 한족 여인들에게 강요된 전족을 예로 들 수 있다. 이들은 어린아이 때부터 발을 꽁꽁 동여매어 발이 자라는 것을 최대한 억제하였는데, 다 큰 성인이라도 10cm 정도가 이상적인 크기라고 여겼다. 하지만 작아진 발은 결코 유전되지 않았다. 전족을 한 한족 여인들에게서 태어난 아이들의 발은 보통의 다른 사람과 같았고 중국인들도 그것을 알고 있었다. 그래서 여자아이들이 발을 동여매는 관습은 무려 1000년이나 이어졌다.

하지만 자주 쓰면 강해지고 커지지만 사용하지 않으면 약해지거나 작아진다는 첫 번째 가설은 상당한 설득력을 가지고 있다. 이 점은 동물뿐만 아니라 인간의 신체에도 적용된다. 여기에서도 전족은 좋은 예가 된다. 다음 세대로 유전되지는 않지만 그 대에서는 반드시 적용되는 이론인 셈이다. 오른손잡이 테니스 선수들의 오른쪽 팔뚝이 왼쪽보다 현저히 굵은 것도 그 때문이다.

이런 이유로 어릴 때에는 눈병에 걸려도 안대를 사용하지 말아야 한다는 주장이 나오기도 한다. 안대를 장기간 사용하면 시력이 떨어지는 것은 물론 시각을 통한 뇌 발달에도 장애가 될 수 있다는 우려에서다.

용불용설에서 말하는 획득 형질은 대물림되지 않는다. 그러나 그 대에서는 확실히 사용하지 않으면 약해지고 사용할수록 강해진다. 혹 오랫동안 사용하지 않아 문제를 일으킬 부위는 없는지 살펴볼 일이다.

언어의 용불용설

한편 언어에 있어서도 라마르크의 용불용설은 설득력을 가진다. 인간이 다른 생명체와 구별되는 큰 특징 중 하나가 바로 언어를 사용한다는 점이다. 물론 동물들 사이에도 나름대로의 의사소통 방법이 있지만 인간처럼 체계적으로 언어를 개발해서 교육하는 생명체는 없다. 그런데 언어야말로 진화와 퇴화를 거듭하는 제2의 생명체라고 할 수 있다. 언어는 계속 써야만 살아남는다. 그렇지 않으면 퇴화하거나 결국 사라지고 만다. 차이가 있다면 생명체의 진화나 퇴화는 아주 오랜 시간에 걸쳐 일어나는 반면, 언어의 변화는 매우 빠른 속도를 보인다는 점이다.

특히 인터넷이 등장하면서 진행된 언어의 진화와 퇴화 속도는 놀랍다. 동시대를 살아가는 사람들 사이에서도 의사소통이 되지 않을 정도니 말이다. 사용하지 않아 퇴화하는 순우리말도 많지만 특별한 설명을 하지 않으면 알

수 없는 정체불명의 신조어도 많다. 이대로 가다가는 정기적으로 진화 혹은 퇴화된 용어를 배워야 하거나, 현재 학생들이 배우고 있는 고전문학 과목이 없어질지도 모르겠다. 사라진 우리말이 너무 많아서 하나의 과목으로 다루기가 힘들어질 테니 말이다.

조금 더 깊이 생각하면 인터넷상에서는 우리말 자체가 퇴화 혹은 사라지는 것은 아닌가 하는 염려까지 든다. 한글이 인터넷 속에서 흔적기관 정도로만 사용될 날이 오지는 않을지……. 흔적기관이 원래의 모습으로 되돌려지는 것이 거의 불가능하기는 생명체나 언어나 매한가지다. 언어의 용불용설을 가속화하는 인터넷 언어, 말 한마디에 주의를 기울여야 할 것 같다.

식품 장기 저장을 위한 획기적 발명품, 통조림

나폴레옹, 군사용 식량 보존을 위해 아이디어 공모

프랑스 황제 나폴레옹이 건조나 훈제 방식, 소금이나 식초에 절이는 방법보다 더 나은 식품 저장법을 발명하는 사람에게 주기로 한 12,000프랑의 상금이 파리의 제과업자 아페르에게 돌아갔다. 끊임없는 정복 전쟁을 벌여온 나폴레옹은 군사용 식량을 장기간 보존하기 위해 이 같은 상금을 걸었었다.

아페르가 이번에 발명한 방법은 병졸임 혹은 통조림이라고 부른다. 식품을 넣은 유리병을 코르크 마개로 막은 다음, 끓는 물에 충분히 가열한 후 뜨거울 때 코르크 마개를 단단히 막는 아주 간단한 방법이다.

유리병에 든 식품을 원정에 나선 군인들이 휴대하기가 적절할지는 의심스럽지만, 식품을 장기간 보관하는 데에는 탁월한 효과가 있어 식생활의 변화를 불러올 만한 획기적인 방법으로 주목받고 있다.

“모든 물질을 이루고 있는 것은 원자”

돌턴, 원자설 발표

“모든 물질은 더 이상 쪼갤 수 없는 기본적인 입자로 이루어져 있다”는 고대 그리스의 철학자 데모크리토스의 생각이 2200년이 지난 최근에 비로소 학문적 체계를 갖추게 되었다. 영국의 화학자 존 돌턴이 이른바 ‘원자설’을 발표한 것(1808년). 그는 1803~1807년 사이에 몇 편의 논문을 통해 그 동안 연구성과를 소개해 오다가, 이번에 공식적인 발표를 한 것이다.

그가 이러한 발상을 하게 된 이유는 기체의 성질을 연구하던 중 여러 기체의 물에 대한 용해도를 설명하기 위해서였다. 즉 모든 기체의 물에 대한 용해도가 각기 다른 것은 기체마다 다른 미세한 입자들로 이루어져 있고, 그 입자의 크기가 서로 다르다고 생각한 데서 비롯됐다.

돌턴의 원자설을 한마디로 요약하면 다음과 같다. “모든 물질은 더 이상 쪼갤 수 없는 미립자, 즉 원자로 이루어져 있으며 이 원자는 새로 만들 수도 파괴할 수도 없다. 그리고 같은 원자는 질량이나 성질이 같은 것은 물론 화학반응시에도 질량이 바뀌지 않는다.”

세계 최초로 시속 6.5킬로미터의 증기기관차 시운전 성공

영국의 기계기술자 리처드 트레비식이 마차철도 위에서 자신이 제작한 증기기관차를 공개 실험했다(1804년). 이 시운전은 마차를 위한 철제 레일 위에서 이루어졌는데, 놀라운 것은 그 속도였다. 프랑스 퀴뇨가 제작한 최초의 증기자동차보다 2배 가까운 속도인 무려 시속 6.5킬로미터에 이르렀다.

1769년 제임스 와트가 증기기관을 발명한 이래로 그것에 바퀴를 달아 차량처럼 달리게 하려는 시도는 여러 차례 있어 왔다. 탄광에서 널리 사용하는 철제 레일 위를 달리는 수레에 착안한 많은 기술자들이 증기의 힘으로 달리는 기관차를 만들기 위해 연구해 온 것이다. 하지만 퀴뇨가 제작한 세계 최초의 증기자동차는 15분간 시속 3.5킬로미터로 달리는 데 그쳤을 뿐이다.

트레비식의 증기기관차 모형. (사진, 마크 바커(Mark Barker))

비록 이번 트레비식의 증기기관차 시운전을 통해 마차 레일이 기관차의 무게를 견디지 못했다는 아쉬움을 남겼지만, 기관차 전용의 레일이 깔린다면 차세대 운송수단으로 발전할 수 있을 것이라는 전망이다.

광산가 집안에서 태어난 트레비식은 볼턴-와트 상회에서 증기기관의 운전 · 조립을 담당한 후 독립하여 기계공장을 설립 · 운영해 오고 있다.

안전한 천연두 예방법, 우두접종법

"아직도 곰보 자국을 운명으로 여기십니까?"

여러분의 생명과 아름다운 얼굴을 천연두로부터 지키는 안전한 방법이 있습니다.
천연두 환자에게서 채취한 고름으로 천연두를 예방하던 인두접종이 아닙니다.
인두접종보다 높은 안전성과 예방효과를 자랑하는 우두접종법!

의사 제너가 개발한 안전한 예방법으로
천연두, 이제 피해 가십시오.
이미 접종을 받은 많은 사람들이 그 효과를 증명하고 있습니다.

라이엘

근대 지질학의 기초 마련

1830년

- 브래들리, 지구의 장동 발견(1748년)
- 허턴, 『화성론』 저술(1795년)
- 훔볼트, 남미 탐험(1799년)

허턴의 생각 발전시켜 지층과 화석 원리 정립

『지질학의 원리』 출간, 허턴이 제안한 '동일과정설'의 전도사 자처

영국의 지질학자 찰스 라이엘(1797~1875년)이 그간의 연구 결과를 바탕으로 『지질학의 원리』를 펴내 지질학계의 지각변동을 예고하고 있다. 그는 유럽의 여러 지역을 돌면서 해왔던 지질에 대한 연구과정에서 자연 환경은 오랜 세월에 걸쳐 단계적으로 천천히 변해 왔다는 결론에 이르렀다고 한다. 그는 지구의 나이가 수백만 년은 될 것이라고 짐작하고 있다.

라이엘은 자신의 이론은 제임스 허턴(1726~1797년)의 생각을 발전시킨 것임을 분명히 밝혔다. 허턴은 1795년 비슷한 생각을 담은 『지구의 이론』을 발표했으나 널리 받아들여지지 않았다.

지금까지는 G.퀴비에의 천변지이설(天變地異說)이 지질학계 정설이었다. 이는 산이나 산맥, 강이나 바다가 어느 시점에 일어난 대규모의 지질학적 사건에 의해 단기간에 만들어졌다는 이론이다. 이 이론에서는 한번 만들어진 지층은 새로운 격변이 일어나기 전까지는 그대로 유지된다고 설명한다.

이에 반해 허턴과 라이엘은 우리도 모르는 사이에 지질학적 변화가 끊임없이 일어나

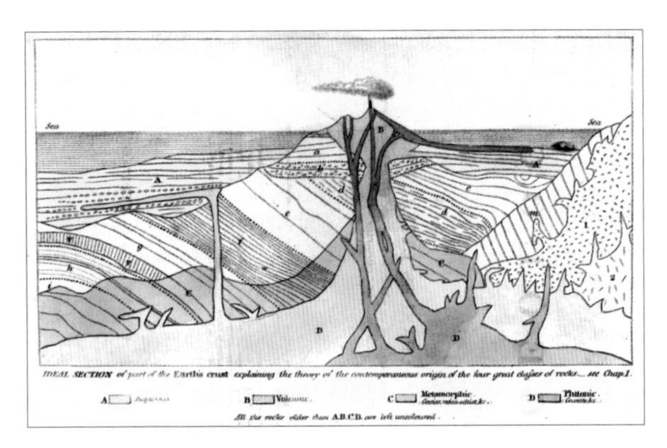

『지질학의 원리』(1857년 미국판)에 실린 표제화. 수성암 · 화산암 · 변성암 · 심성암 등 서로 다른 암석의 기원을 보여주고 있다.

고 있다고 주장한다. 예를 들어 지각이 서서히 이동하기도 하고 대륙이 눈에 띄지 않게 조금씩 솟아오르거나 내려앉기도 한다. 또 한편에서는 화산이 분출하고 지진이 발생한다. 이러한 변화는 깨닫지 못할 정도로 미세하지만 오랜 시간이 지나면 이 작은 움직임들이 모여 커다란 변화를 초래한다는 것이다.

이 설명에 의하면 강이 수천 년을 흘러 깊은 계곡을 만들고 화산이 수천 년 동안 용암을 분출하면서 거대한 산맥을 만들게 된다. 이에 대해 라이엘은 "현재는 과거를 푸는 열쇠"라고 설명했다. 현재 일어나는 변화로 과거의 지질학적 역사를 알 수 있다는 말이다.

화석의 생성 과정에 대한 의문도 풀려

라이엘의 지질 연구는 생물학자들에게도 환영받고 있다. 그동안 생물학계에서는 화석, 즉 생물체의 유해가 어떻게 몇 미터에 이르는 암석 사이에 묻힐 수 있었는지에 대해 명쾌한 답을 얻지 못하고 있었다. 라이엘은 지층의 변화가 아주 오랜 기간에 걸쳐 일어났으며 지구의 나이가 적어도 수백만 년은 되었을 것이라고 밝혔다. 이는 성서 이전에도 엄청나게 긴 시간이 존재했으며, 멸종된 생물체가 이 태고의 시간에 살았음을 의미한다. 이것으로 지금은 멸종한 생물체의 유해 위에 진흙과 돌이 쌓이고 스스로 돌이 되는 데 필요한 긴 시간이 설명된다고 생물학계는 받아들이고 있다. 지질변화가 그러하듯이 서서히 이루어지는 화석의 생성과정에 대한 설명이 보다 쉬워졌다는 얘기다.

타임머신 칼럼

제임스 허턴, 지질학의 창시자

최덕근 (서울대 지구환경과학부 교수)

18세기 후반 유럽 과학계에서 인정받고 있던 암석 형성 이론은 수성론이었다. 지구상의 모든 암석은 바다에서 화학적 침전에 의해서 만들어졌다는 이론이다. 그런데 이 이론과 전혀 다른 생각을 영국의 제임스 허턴이 발표하였다. 허턴은 원래 의학을 전공했지만 의사로 활동한 적은 없고, 스코틀랜드 남쪽에 있던 자신의 농지를 관리하면서 농업 생산량을 늘리기 위해 노력하고 있었다.

그는 토양의 형성과정에 관심을 가졌고, 자연스럽게 땅에서 일어나는 현상을 세심하게 관찰하였다. 그 결과 암석이 풍화되어 토양으로 바뀌고, 토양은 하천을 따라 바다로 운반되어 바다 밑에 쌓이며, 이렇게 쌓인 퇴적물이 지하 깊은 곳에 묻히면 높은 열과 압력을 받아 새로운 암석으로 만들어진다는 결론에 도달했다. 오랜 시간이 흐르면 이 암석은 지하의 열 때문에 솟아올라 지표면에 드러나게 되고, 그러면 다시 풍화되어 토양으로 변한다는 주장이었다. 지금 우리에게는 너무 당연한 이야기로 들리지만, 당시 사람들은 허턴의 주장을 무척 엉뚱한 이론으로 받아들였다.

허턴의 이론은 다음과 같은 두 문장으로 요약할 수 있다. 첫째, 현재는 과거를 아는 열쇠이다. 둘째, 지구의 역사는 언제 시작했는지 그리고 언제 끝날지 알 수 없다. 쉽게 풀어 쓰자면, 현재 지구에서 일어나고 있는 모든 변화는 과거 지구에서도 똑같이 일어났고 따라서 현재 지구에서 일어나고 있는 현상을 이해하면 과거 지구에서 일어났던 사건들을 알아낼 수 있다는 뜻이다. 이 과정은 매우 느리게 일어날 뿐만 아니라 계속해서 반복되기 때문에 지구의 나이는 상상할 수 없을 정도로 오래되었다는 결론을 얻을 수 있다. 이 이론을 '동일과정설' 이라고 부른다.

처음에는 동일과정설에 반대하는 학자들이 많았지만, 1830년 찰스 라이엘이 『지질학의 원리』라는 저서를 발간하면서 자연에서 일어나는 현상과 동일과정설을 결부시켜 명쾌한 설명을 내놓음으로써 동일과정설은 수성론을 제치고 새로운 정설로 받아들여지게 된다.

그 후 사람들은 이 이론을 바탕으로 암석과 화석에 들어 있는 과학적 원리와 시간의 의미를 이해하게 되었고, 마침내 19세기 초반 지질학이라는 새로운 학문을 탄생시키기에 이른다.

특집기사

"지구과학사는 이론의 대립과 절충과정!"

바야흐로 지질학의 황금시대를 맞이했다. 지난 세기까지만 해도 지층이나 화석에 관한 연구는 거의 이루어지지 않았다. 화석이 발견되면 자연이 생물들을 만들려다 실패한 것이라거나 어쩌다 우연히 만들어낸 것이라고 믿었을 뿐이다.

그러나 이제 지구 표면이나 내부의 지층에 관한 연구가 활발하게 진행되면서 지질학은 하나의 학문으로 자리잡았다. 더불어 자연의 변화에 관한 새로운 관점들도 생겨나고 있다. 이처럼 지층과 화석에 관한 많은 이론들이 생겨나는 것은 그 진실성 여부를 떠나 매우 바람직한 현상으로 평가된다. 과학이 비로소 자유롭고 다양하게 발전하고 있다는 것을 의미하기 때문이다.

지구는 언제, 어떻게 생겨났을까?

과학사는 서로 상반된 이론들의 대립이 만들어 온 역사라 할 수 있다. 천동설과 지동설, 창조론과 진화론이 그러했듯이 지구과학 분야도 예외가 아니다. 지구의 탄생 시기와 탄생 원인 그리고 그 발전과정에 대한 이견과 논쟁들이 맞서면서 지질학의 발전이 이루어져 왔다. 이번 특집기사에서는 이 시대 지구과학의 석학들의 지구과학에 대한 상반된 이론을 더듬어 본다.

"지구는 신의 피조물이다. 그러니 지구의 나이도 성경에서 찾아야 한다. 성경을 토대로 지구의 나이를 계산할 수 있는데, 창세기에는 구약시대의 족보가 그대로 나와 있다. 그 족보를 하나하나 따져서 계산해 본 결과 지구를 비롯한 우주는 BC 4004년에 창조되었다."

— **어셔 대주교**(1581~1656년)

"지구는 어느 날 갑자기 생겨난 것이 아니라 진화된 것이다. 지구는 약 8만 년 전에 처음 생겨났고, 지금까지 일곱 단계를 거쳐 발전해 왔다. 고생물학적 자료를 근거로 지구의 탄생 시간을 연구했다."

— **뷔퐁**(1707~1778년)

수성론 VS 화성론 : 지층은 어떻게 만들어졌을까?

어셔와 뷔퐁의 이야기만 들으면 지질학에 그다지 큰 발전이 있는 것 같지 않다. 그러나 지층에 관한 이야기는 조금 다르다.

현재 지층에 관한 주장은 크게 수성론과 화성론으로 나뉜다. 수성론은 말 그대로 '물'이 원인이라는 설이고, 화성론은 '불'이 원인이라는 설이다. 수성론자들은 지구의 표면과 내부를 이루는 지층이 '노아의 홍수'와 같은 대재앙으로 만들어졌다고 주장하고 있다. 반면 화성론자들은 지구 내부의 열과 압력, 즉 화산활동으로 지층이 서서히 생겨났다고 설명한다.

"지구의 암석은 처음 지구가 만들어질 때 바다에서 일어난 퇴적이나 침전으로 생겨난 것이다. 화산활동으로 암석이 만들어졌다는 것은 어불성설이다. 왜냐하면 화산 폭발 자체가 지층 속에 있는 석탄이 타면서 일어나는 것인데, 어떻게 화산이 지층을 만들어냈다는 말인가?"

— **베르너**(1749~1817년)

"바다가 지구의 암석을 한순간에 뚝딱 만들었다는 생각은 말이 안 된다. 지구 내부에는 엄청난 열과 압력이 있는데, 그 힘이 바로 지질학적 운동의 원동력이다. 지구를 구성하는 거대한 암석은 한순간의 운동으로 이루어진 것이 아니라, 매우 오랜 과거에서부터 시작된 동일한 반복작용에 의한 것이다. 한마디로 작은 작용들이 모여서 큰 결과를 만든 셈이다. 자연법칙에는 규칙성이 있다. 지각은 끊임없이 운동하고 대륙은 아주 조금씩 움직이고 있는데, 이 조그만 움직임이 아주 오랫동안 누적되면서 큰 변화를 만들게 된다. 현재 일어나고 있는 지질운동을 정확히 알면 지구의 과거도, 미래도 알 수 있다. 이것이 이른바 '동일과정설'이다. 지구는 끝없이 나이를 먹어 간다."

— **허턴**(1726~1797년)

"허턴의 의견에 전적으로 동감한다. 자연계에 작용하는 힘은 언제나 동일하다. 그래서 현재는 과거를 푸는 열쇠가 되는 것이다. 지층은 과거를 알 수 있는 중요한 힌트를 제공한다. 지구 표면에 가까운 지층일수록 현재와 유사한 생물들의 화석이 발견되는데, 그렇게 지층을 파 내려가다 보면 지구의 먼 과거를 알 수 있다. 화석을 토대로 지구의 나이를 추정해 본다면 적어도 수백만 살은 되었을 것이다.

— **라이엘**(1797~1875년)

"각 지층마다 다른 생물의 화석이 발견된다. 이것은 노아의 홍수와 같은 큰 재앙이 생물들의 종을 급격하게 바뀌도록 했기 때문이다. 큰 재앙이 있을 때마다 거의 대부분의 생물들이 죽고, 거기서 살아남은 생물들이 번식해서 각지로 퍼져 나가는 것이다. 이것을 한마디로 표현한다면 흔히 사람들이 말하듯이 '천변지이설' 혹은 '격변설'이라고 할 수 있다."

— **퀴비에**(1769~1832년)

갈릴레이의 책, 마침내 자유 찾다

지난 1632년 2월에 발간되어 같은 해 7월, 로마 교황청으로부터 금서로 지정된 갈릴레이의 책 『두 개의 우주 체계에 관한 대화』가 2세기 만에 마침내 자유를 되찾았다.

로마 교회에서 공식적으로 금서를 해제한 것(1822년). 하지만 교황청은 금서 해제만을 발표했을 뿐 당시 재판과정이나 갈릴레이에 대한 판결 등에 대한 해명은 하지 않았고, 잘못된 판결이었다고 생각하느냐는 물음에는 일절 대답을 회피했다.

당시 종신 금고형을 선고받은 갈릴레이는 피렌체 교외에 있는 친구의 성에서 고독한 여생을 보냈으며, 1642년 '진공'을 연구해 유명해진 제자 토리첼리가 지켜보는 가운데 세상을 떠났다. 갈릴레이가 죽은 후 교황청은 공식적인 장례는 물론, 묘비를 세우는 것조차 금지했었다.

호기심 Q&A

단순하고 재미있는 지층의 법칙

Q : '지층누중의 법칙' 이란 무엇인가요?

A : 1669년 니콜라스 스테노가 밝힌 이론으로 지층에도 위아래가 있다는 것입니다. 지층의 아래쪽은 위쪽보다 먼저 생성되어 나이가 많다는 단순한 법칙이지만 지층을 통한 연구에 아주 중요한 기본 원리랍니다.

Q : '동물군 천이의 법칙' 이란 무엇인가요?

A : 18세기 후반에 윌리엄 스미스가 밝힌 법칙으로 지층이 생성되는 시기에 따라 포함하는 화석의 종류가 다르다는 것입니다. 그래서 아무리 멀리 떨어져 있는 지역이라 해도 지층에 포함된 화석의 종류가 같으면 같은 시기에 형성된 지층임을 알 수 있습니다.

지층의 단면도(단층 · 층리 · 엽층 · 엽리)

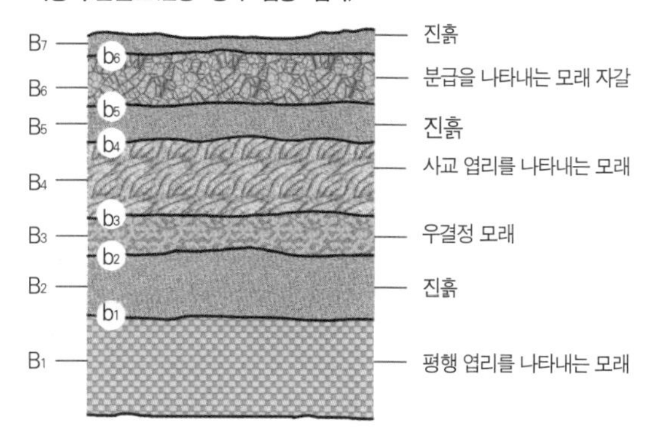

B_1~B_7은 각 단층의 단면을 나타낸다.
b_1~b_6은 층리면의 단면이다.
그 밖의 선과 선상구조는 엽층의 단면, 즉 엽리를 나타낸다.

지층의 연속성과 대비

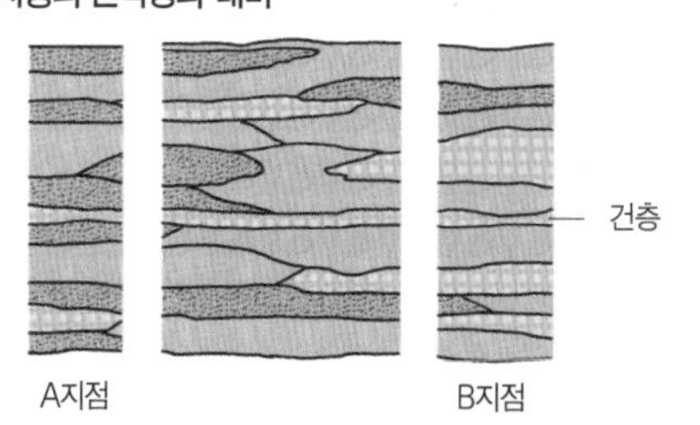

떨어져 있는 A지점과 B지점의 지층은 각각 다르나 건층을 이용해 대비해 볼 수 있다.

1등성 밝기는 6등성의 100배

영국 왕립 천문학회 회장인 독일 출신의 천문학자 허셜(1792~1871년)이 1등성의 밝기가 6등성의 100배에 이른다는 사실을 발표했다(1830년).

기원전 150년경 히파르코스가 최초로 밝기에 따라 별의 등급을 매긴 이래 일반적으로 별은 1~6등성으로 나누어졌다. 하지만 망원경이 발달하면서 육안으로 발견되지 않았던 것들이 발견되고 별의 밝기가 더욱 자세히 구분되자 학계에서는 별 등급의 새로운 정비가 필요하다는 주장이 제기되어 오고 있었다. 이번 허셜의 발표로 또다시 학계가 술렁거림에 따라 별 등급에 새로운 기준이 생길지 지켜볼 일이다.

허셜은 이미 거대 망원경 개발에도 공헌한 바 있다. 1789년에는 초점거리 1,219센티미터, 지름이 122센티미터에 이르는 거대한 망원경을 완성했다. 그리고 1781년에는 태양계의 일곱 번째 행성인 천왕성을 발견하여 태양계의 범위를 두 배로 넓혀 놓았다.

콘크리트 생산으로 새로운 건축시대 예고

벽돌쌓기 일을 하던 영국의 애스프딘이 1824년 '포틀랜드 시멘트'라는 이름으로 특허를 받은 콘크리트가 템스 강바닥의 터널공사에 사용됨으로써 화제가 되고 있다. 템스 강의 터널은 최초의 수중 터널이자 그 길이가 459미터에 이르는 대규모 공사이다. 이에 따라 업계에서는 콘크리트의 대량생산을 위한 연구에 박차를 가하고 있다.

최근 연구개발로 인해 더욱 강해진 강철과 함께 콘크리트는 새로운 건축의 시대를 열 것이라는 전망이다. 빌딩은 더욱 높아질 것이며, 대규모의 다리나 댐 공사도 가능할 것으로 관련업계는 내다보고 있다.

액체나 기체 안에서의 미소입자 운동 발견

꽃의 구조와 생식에 관해 연구하던 스코틀랜드의 식물학자 로버트 브라운이 미소입자(미크론 단위의 입자)들의 불규칙적인 운동을 발견하고 학계에 보고했다(1827년).

물에 떠 있는 꽃가루가 규칙적이지는 않아도 마치 살아 있는 것처럼 계속 움직이는 것을 목격한 그는 꽃가루가 정말 살아서 움직이는 것인지를 확인하기 위해 작은 염료가루를 물 위에 떨어뜨린 후 그것을 관찰했다. 그 결과 무생물인 염료가루 또한 꽃가루와 같은 불규칙적인 움직임을 보였다는 것.

그는 입자들의 이러한 불규칙한 움직임을 '브라운 운동'이라고 이름 붙였다. 하지만 왜 이와 같은 운동이 일어나는지에 대해서까지는 아직 밝혀내지 못하고 있다.

호기심 Q&A

Q: 지질시대와 지질연대는 같은 말인가요?

A: 그렇지 않습니다. 지질시대를 연수로 나누어 구분한 것을 지질연대라고 하니까요. 여기서 지질시대란 지구의 표면을 이루고 있는 지각이 형성된 때(약 40억 년 전)부터 인류가 나타난 때(약 1만 년 전)까지를 말합니다.

이 길고 긴 시대를 연수로 나타내는 지질연대는 크게 '대 — 기 — 세 — 절'로 구분됩니다. 지질시대를 나누는 가장 큰 기준인 '대'는 그 시대의 가장 대표적인 고생물 화석으로 구분됩니다. 즉 삼엽충 화석으로 대표되는 고생대, 공룡이 번성하던 중생대, 포유류가 출현하던 신생대로 나누는 것이지요.

그 다음의 '기'는 지층에 나타나는 생물의 변화와 지각변동을 기준으로 분류하지요. 대개는 '기'를 분류할 만한 지층을 최초로 발견하거나 연구한 장소의 이름을 따서 붙이는데, 예를 들면 고생대의 '데본기'는 영국의 데본 지방의 지명을 따서 붙인 것입니다. 또 중생대 말기의 '백악기'는 영국과 프랑스, 벨기에에서 공통적으로 나타난 백악(white chalk, 석회질 껍질을 가진 단세포 생물의 유체와 아주 미세한 방해석의 결정으로 된 암석)에서 비롯된 이름이지요.

기 다음의 분류 기준은 '세'이고, '세' 다음은 '절'로 구분합니다. 이것들은 분류의 필요에 따라 사용하지요.

슐라이덴 & 슈반

세포설 확립

1838년(식물), 1939년(동물)

- 패러데이, 전기분해 연구(1833년)
- 가우스, 『지자기의 일반론』 저술(1839년)
- 분젠, 스펙트럼 분석 시작(1859년)

식물과 동물의 기본구조는 '세포'

다윈의 '진화론'에 맞먹는 발견으로 평가
세포 증식의 구조에 대해서는 두 사람 의견 달라

아리스토텔레스 이후 18세기 동안 생물체의 구성물질은 세 가지로 구분되어 왔었다. '4원소 - 조직 - 기관'의 단계가 바로 그것이다.

그런데 최근 현미경 발명과 발전으로 식물은 물론 동물의 기본적인 구성물질은 '세포'임이 밝혀졌다. 이번 발견의 주인공은 바로 슐라이덴(1804~1881년)과 슈반(1810~1882년).

슐라이덴의 식물세포설, 슈반의 동물세포설은 다윈의 '진화론'에 맞먹는 발견으로 그 중심 내용은 '식물과 동물 모두 겉으로 나타나는 모

양에 상관없이 세포로 이루어져 있으며, 세포는 생물의 구조와 기능의 가장 기본적인 단위로서 생명의 본체' 라는 것이다.

슐라이덴과 슈반을 통해 세포설이 확립됨에 따라 생물학 관련 분야는 발빠르게 새로운 시도에 나서고 있다. 동물 분류학 분야에서는 원생동물이 단 하나의 세포로 이루어진 생물임을 밝힘으로써 원생동물을 동물 분류학의 최하위 단계에 자리매김하였다. 또한 정자와 난자가 하나의 세포임이 드러나면서 생명체가 하나의 세포로부터 분열을 통해 성장한다는 것이 밝혀졌다.

슐라이덴과 슈반의 세포설로 인하여 생물학은 발생학, 유전학 및 진화론에서 근대적 개념이 마련된 것으로 평가되고 있다.

시리우스 호, 네 시간 차로 최초 대서양 횡단의 명예 차지

1838년 4월 23일은 증기기관과 선박업계에 있어 역사적인 날이었다. 지난 4월 4일 북아일랜드 코르크 항을 출발한 증기선 시리우스 호와 4일 후 브리스틀을 출항한 그레이트 웨스턴 호가 대서양을 가로질러 네 시간 차이로 같은 날 뉴욕 항에 도착한 것. 700톤에 320마력을 지닌 시리우스 호는 18일 10시간 만에, 1,320톤에 750마력을 가진 그레이트 웨스턴 호는 15일 만에 대서양을 가로질렀다.

하지만 언론과 사람들은 네 시간 먼저 뉴욕 항으로 들어온 시리우스 호를 열렬히 환영할 뿐 대서양 횡단을 무려 4일이나 단축시킨 그레이트 웨스턴 호를 반기는 사람은 아무도 없었다.

이에 선박업계의 한 관계자는 "시리우스 호가 악천후에도 불구하고 증기기관만으로 세계 최초로 대서양을 가로지른 것은 사실이나, 진정한 승자는 4일 늦게 출항하고도 같은 날 입항한 그레이트 웨스턴 호"라고 말하면서, "어찌 되었든 두 증기선의 대서양 횡단은 해양교통의 새로운 시대가 열렸음을 의미한다"고 평했다.

타임머신 칼럼

꼬리에 꼬리를 무는 세포 발견의 역사

예병일 (연세대 원주의대 교수)

생명체를 둘로 구분하면 어떻게 나눌 수 있을까?

이 질문에 '동물과 식물'이라고 쉽게 답했다면 생각이 모자라는 사람이다. 왜냐하면 동물도 식물도 아닌 세균 또한 엄연한 생명체라는 것은 누구나 잘 알고 있기 때문이다.

생명체를 둘로 나누자면 핵이 있느냐 없느냐에 따라 핵이 없는 원핵생물과 핵을 가진 진핵생물로 분류해야 옳다(1990년 이후에는 이외에도 고세균을 따로 구분하고 있으나, 고세균에 관한 설명은 여기서 생략한다).

동물과 식물은 진핵생물을 둘로 나눈 것이다. 단세포 생물은 대부분 원핵세포에 속하며, 흔히 '미생물'이라 함은 아주 작은 단세포 생물체를 가리키는 것으로 원생동물, 세균, 리케차, 바이러스, 진균이 여기에 속한다. 이 역시 제대로 분류하자면 설명이 길어지니 다음 이야기로 넘어가 보자.

세포 발견의 역사는 현미경의 역사와 맥락을 같이한다. 세포 종류에 따라 크기에 약간의 차이는 있지만 대부분의 세포는 눈으로 볼 수 없을 정도로 작아서 현미경이 발명되지 않았던 시기에는 발견할 수 없었다.

최초의 현미경 발명가가 누구인가에 대해서는 얀센과 레벤후크 등이 거론되는데, 이것은 그들이 사용한 현미경이 오늘날의 현미경과 똑같지 않아 어느 수준의 것을 현미경으로 인정해 주는가에 따라 답이 달라질 수 있다.

레벤후크는 1660년 자신이 고안한 현미경을 이용하여 처음으로 세균을 관찰했다. 약 240배의 배율을 가진 현미경이었다. 그는 빗물을 비롯한 수많은 재료를 관찰한 끝에 세균, 곰팡이, 정자 등을 처음 발견하여 영국 왕립학회에 보고했다. 이 소식을 접한 당대의 훌륭한 과학자 로버트 훅은 레벤후크의 현미경 제작 원리를 응용하여 1678년 최초의 복합현미경을 개발함으로써 현미경 발전에 한 획을 긋는다.

레벤후크와 훅은 수많은 관찰 결과를 기록으로 남겼으며, 한 세기 이상이 지난 후 슐라이덴과 슈반은 세포가 모든 생명체의 기본 단위라는 세포설을 제기하기에 이른다.

한편 질병의 원인이 신이 내린 벌이 아닌 인체 내 생리현상의 이상 때문이라는 히포크라테스와 갈레노스의 이론은 18세기 초 모르가니에 의해 인체 내 장기의 이상 때문이라는 이론으로 발전한다. 18세기 말 비샤는 장기보다 작은 조직의 이상에 의해 질병이 발생한다는 이론을 제기했으나, 그것이 세포의 이상에서 비롯된 것임을 주장한 장본인은 19세기 중반의 피르호였다.

이렇게 질병의 원인을 점점 더 작은 부분에서 찾는 방향으로 발전하면서 오늘날의 병리학이 탄생하게 된 것이다.

특집기사

한 자리에 모인 세포설 학자들, 그들의 이야기를 듣다

생물학계의 거장들이 한자리에 모여 세포설에 대한 다양한 의견을 주고받았다. 이들은 하나같이 '세포설'에 기여했다는 공통점이 있다. 식물세포를 확인한 슐라이덴, 동물세포설을 확립한 슈반, 가장 먼저 세포를 발견한 레벤후크와 로버트 훅, 조직학의 기반을 마련한 피르호 등이다. 세포를 두고 벌이는 5명 거장들이 모인 대화의 현장을 찾아가 본다.

로버트 훅 : 식물세포의 존재를 최초로 발견한 것은 바로 접니다. 제가 만든 현미경을 이용해 코르크 세포를 관찰했고, 그때 세포가 식물을 구성하는 기본단위라는 것을 발견했지요. 세포설의 기반을 마련한 것은 바로 저입니다.

슐라이덴 : 맞습니다. 훅 선생님이 아니었다면 세포설은 훨씬 더 늦게 세상에 나왔을 겁니다. 그렇지만 선생님이 최초로 세포를 발견했다는 말씀에는 동의할 수 없습니다. 안타까운 일이지만 선생님이 발견한 것은 세포가 아니라 죽은 코르크 세포의 세포벽이었지요. 만약 이것을 세포로 착각하지만 않았어도 오늘의 영광은 선생님에게 돌아갔을 겁니다.

레벤후크 : 저도 세포 발견에 한몫 했답니다. 로버트 훅이 조명장치를 고안해서 현미경을 한 단계 발전시킨 것은 사실이지만, 저는 그에 앞서 현미경을 발명했지요. 세포의 존재도 제가 먼저 알아냈지요. 물론 저의 연구에 날개를 달아준 것은 바로 로버트 훅이지만요.

처음 제가 현미경을 발견할 수 있었던 것은 남다른 취미 때문이었습니다. 렌즈를 가지고 놀기를 좋아했거든요. 그 후 렌즈 위의 물방울 속에 육안으로는 볼 수 없는 미세한 생명체가 있다는 것을 발견하게 되었지요. 과학자가 아닌 저로서는 그게 무엇인지 몰랐어요. 로버트 훅의 도움이 아니었다면 저의 발견은 세상에 알려지지 않고 사라졌을지도 모릅니다.

"세포라는 말을 처음 사용한 사람이 바로 접니다." - 로버트 훅
"현미경 발명가인 제가 세포의 존재를 먼저 알아냈지요." - 레벤후크
"새로운 세포는 기존 세포가 분열하여 생겨나는 것입니다." - 슐라이덴
"슐라이덴의 이론을 동물계로 확대시킨 것이 동물세포설입니다." - 슈반
"생명체에 생기는 병은 일종의 국가 내란이라고 할 수 있죠." - 피르호

로버트 훅 : 레벤후크가 발견한 것은 세균이었습니다. 그리고 그는 세포의 존재를 알아냈지요. 그러나 그에 관한 체계적인 연구나 발표에는 미흡했어요. 저는 당시 영국 왕립학회의 회원이었기 때문에 레벤후크의 연구성과를 다듬어서 발표할 수 있도록 도왔습니다. '세포(Cell)' 라는 말을 처음 사용한 것도 저랍니다.

슐라이덴 : 제가 세포설을 발표할 수 있었던 것은 여기 계신 두 분 외에 여러 선생님들의 연구가 밑바탕이 되었기 때문입니다. 레벤후크 선생님과 훅 선생님께서 세포의 존재를 알아내고, 런던에서 의사로 활동하던 브라운 선생님은 식물세포에 핵이 있다는 것을 발견했지요. 저는 선생님들의 이런 연구결과에 주목하며 연구했답니다. 그 결과 식물이 발생하는 과정은 곧 개개의 세포가 형성되는 과정이라는 것을 알게 되었어요. 그리고 새로운 세포는 기존 세포가 분열하여 생겨나는 것임을 발견해냈습니다.

슈반 : 저는 슐라이덴의 식물세포설에서 많은 영감을 받았답니다. 식물세포설을 동물계로 확대시

켰지요. 그리고 모든 동물의 수정란은 단일 세포이며, 역시 핵이 있다는 것을 밝혀냈습니다. 모든 동물은 수정란이라는 단일 세포에서 생명이 시작되고, 다른 여러 세포가 형성되면서 발생한다는 것을 알게 된 겁니다.

피르호 : 세포는 생물체를 연구하는 기본이자 핵심이지요. 동물은 세포를 시민으로 하는 국가라고 할 수 있습니다. 생명체에 생기는 병은 일종의 폭동이나 내란이라고 볼 수 있고요. 세포를 알게 됨으로써 생물학은 혁명적인 발전을 하게 된 거예요.

세포설이 확립되기까지 기여했던 여러 과학자들의 이야기를 듣다 보니 역시 한순간에 만들어지는 것은 아무것도 없다는 것을 새삼 깨닫게 된다. 이들은 세포연구가 앞으로 더욱 빛을 발하게 될 것이라 믿어 의심치 않는다. 과학자들의 흔들리지 않는 믿음과 쉼 없는 연구가 과학을 이끄는 힘일 것이다.

태양계 여덟 번째 행성, 해왕성 발견

1846년 9월 23일 베를린 천문대 부대장 J.G.갈레가 태양계의 여덟 번째 행성인 해왕성을 발견했다. 이로써 1781년 허셜에 의해 천왕성이 발견된 이래 꾸준히 제기되어 온 여덟 번째 행성의 존재 여부가 사실로 확인되었다.

천문학자들은 예상된 궤도에서 주기적으로 이탈하는 천왕성의 운동이 뉴턴의 법칙에 맞지 않자 여러 가설을 세워 관측결과를 설명하려고 했다. 그 가운데서도 가장 설득력이 높았던 것이 천왕성 바깥에 있는 또 다른 행성이 천왕성의 운동을 간섭한다는 것이었다. 결국 영국의 J.C. 애덤스와 바다 건너 프랑스의 르베리에가 거의 동시에 새로운 행성의 위치를 계산 · 예측하고, 마침내 갈레가 발견한 것이다.

이번 해왕성의 발견 결과 천체역학 이론이 이미 발견된 천체의 운동을 설명할 뿐만 아니라, 미지의 천체를 발견하는 데에도 쓸모 있을 것으로 보인다.

세포의 자기소개서

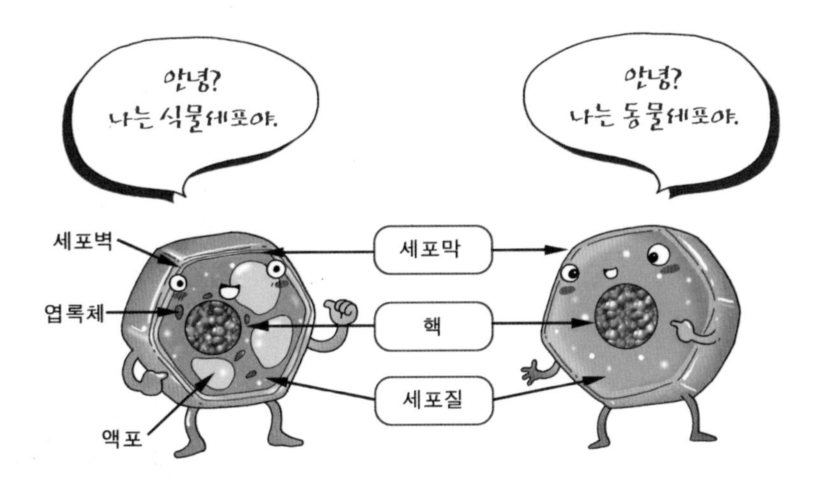

"식물을 구성하고 있는 가장 작은 단위가 바로 나야. 나는 너무 작아서 눈으로는 안 되고 현미경으로 봐야 볼 수 있어. 하지만 작다고 무시하지는 마. 내게도 아주 정교한 시스템이 있거든. 내 몸은 세포벽이라는 단단한 벽으로 감싸여 있어. 세포벽 안쪽에는 나를 둘러싸고 있는 세포막이 있고. 세포막은 반투과성 막인데, 반투과성이란 필요한 물질들만 선택적으로 들여 보낸다는 의미야.

세포막 안쪽은 크게 핵과 세포질로 이루어져 있다고 할 수 있어. 핵은 내 안의 핵심기관이야. 그리고 세포질 속에는 작은 기관들이 들어차 있어. 녹말 등의 유기물을 만들어내는 엽록체도 여기에 있는데, 바로 그것 때문에 나는 독립적인 영양 생활이 가능하지.

또 나에게는 세포액을 저장하는 액포가 있어. 이 액포 때문에 식물에 물이 많은 거야."

"식물세포랑 비슷하기도 하고 조금 다르기도 해. 나는 식물세포와는 달리 세포벽이나 엽록체, 액포가 없어.

하지만 세포막으로 둘러싸인 것이나 핵과 세포질로 이루어진 점은 같지. 물론 세포질 속에 있는 기관들은 식물세포와 차이가 있지만 말이야.

나도 가장 중심부에 핵이 있고, 세포질 속에는 여러 기관들이 있어. 단백질을 만드는 리보솜과 에너지를 만드는 미토콘드리아, 물질을 운반하는 소포체 등이 있지.

소포체가 운반해 온 물질을 세포 밖으로 내보내는 골지체도 여기에 있어.

나 역시 현미경으로밖에 볼 수는 없지만 작은 몸속에 여러 기관이 있어서 매우 중요한 기능들을 하고 있어."

찰스 다윈

진화론 확립

1859~1871년

- 영, 에너지를 정의(1807년)
- 베루셀리우스, 원자량 결정(1828년)
- 브라운, 세포의 핵 발견(1831년)

찰스 다윈, 적자생존과 자연의 선택에 의한 진화 주장

학계의 비상한 관심, 종교계의 거센 반발
『종의 기원』, 출간 하루 만에 모두 팔려
인간 역시 진화하며 그 조상은 원숭이와 비슷

영국의 생물학자 찰스 다윈(1809~1882년)이 새로운 진화론을 발표해 화제가 되고 있다. 지금까지 대부분의 진화론은 종교계의 강한 반발에 부딪쳐 사장되거나 발표에 앞서 종교와 적당히 타협하는 경우가 많았다. 그와 달리 다윈의 진화론은 종교로부터 완전히 자유로운 독창적인 진화론이라는 평가를 받고 있다.

다윈에 따르면 모든 종은 신이 창조했던 모습 그대로 고정되는 것이 아니라 자연 여건에 따라 변화하거나 사라지기도 한다. 다윈의 진화론은 한마디로 '적자생존의 원리에 따른 자연의 선택' 이 이루어지는 과정이다. 환경에 적합한 종만이 자연의 선택을 받아 계속 살아남을 수 있다는 것. 이전에 진화는 좀더 완전한 존재가 되고자 하는 내면의 힘 때문이라고 주장했던 라마르크의 진화론과는 큰 대조를 이룬다.

다윈은 자신의 이론을 입증할 만한 근거로 엄청난 양의 자료를 제시했는데, 이는 남태평양 탐험선 비글 호를 타고 항해하는 중에 얻은 성과였다. 특히 갈라파고스 섬에서 획득한 수많은 증거 가운데 '다윈 핀치' 라고 이름 붙인 새는 다윈에게 결정적인 영감을 주었다고 한다. 여러 종류의 다윈 핀치는 비교적 가까운 곳에 모여서 서식하는데도 환경에 따라 부리가 달랐다. 이점에 대해 다윈은 환경에 적응하는 종만 살아남아 일어난 변이라고 해석했다.

다윈의 진화론에서 특히 관심을 모으는 부분은 인간 진화설이다. 『종의 기원』에서는 밝히지 않았지만, 인간 역시 진화에서 자유로울 수 없으며 인간은 인간과 유사한 원숭이에서 진화했을 것이라고 설명했다.

『종의 기원』, 하루 만에 품절

찰스 다윈은 진화에 관한 주장을 책으로 정리하여 『종의 기원』(1859년 11월 24일)을 펴냈다. 이 책은 출간되자마자 하루 만에 모두 팔려 나가는 유례 없는 기록을 남겨, 학계는

내가 먼저, 네가먼저? 과학사의 동시 발견 · 발명

과학사에는 뛰어난 발명이나 발견이 서로 다른 사람들에 의해 동시에 이루어진 경우가 종종 있다. 이러한 동시 발견과 발명은 각 당사자는 물론 추종자들 사이에 우선권 논쟁을 불러일으키곤 했다.

대표적인 사건은 17세기 뉴턴과 라이프니츠 사이에 일어났던 미적분 발견. 미적분을 발견했다고 주장하는 라이프니츠에게 뉴턴이 자신의 발견을 훔쳤다고 비난하고 나섰는데, 사실은 두 사람이 거의 동시에 독자적으로 미적분을 발견했다고 한다. 하지만 미적분이라는 말을 만들어 사용한 것은 라이프니츠였다. 이외에도 19세기 초 탄관용 안전등(일명 데이비등)을 거의 동시에 발명한 데이비와 스티븐슨, 19세기 후반에 비행기를 발명한 라이트 형제와 랭글리 등이 있다.

그러나 진화론을 동시 발견한 다윈과 월리스의 경우는 조금 다르다. 이들은 비슷한 시기에 신기하리만큼 유사한 이론과 비슷한 경험적인 바탕을 가졌음에도 서로를 칭찬하며 상대방을 최초 발견자로 세우려고 했다.

물론 사회 전반의 진화론에 대한 관심을 읽을 수 있게 한다.

반면 종교계는 다윈의 진화론에 거세게 반발하고 나섰다. 그의 주장은 신이 창조한 종의 완전성을 위협하고 종교에 정면 도전하는 것이라며, 코페르니쿠스에 이어 다윈 역시 신이 창조한 지구와 인간의 지위를 추락시켰다고 강하게 비판했다.

더불어 『인간의 유래』(1871년)에서 원숭이를 인간의 조상이라 주장한 것은 신은 물론 인류 전체에 대한 모독이라며 진화론을 취소할 것을 강력히 명령했다.

진화론의 파장 일파만파

과학 역사상 하나의 과학 이론으로 다윈의 진화론처럼 파장을 일으킨 예는 찾아보기 힘들다. 다윈의 진화론은 방대한 자료를 근거로 과학적 진화론을 펼쳤다는 점에서 이전의 진화론과는 차별성을 가진다. 하지만 다윈의 진화론에는 그 이상의 의미가 있다. 기독교는 물론 윤리학과 사회 이론에 미치는 영향력 때문이다.

다윈은 인간의 지위가 결코 특별하지 않으며 단지 자연의 일부분에 지나지 않는다고 주장하고 있다. 이것은 지동설에서 비롯된 '지구는 우주에서 일개 행성에 지나지 않는다' 는 주장과 마찬가지로 만물의 영장인 인간의 지위를 끝없이 하락시킨 것이다.

나아가 다윈은 자연은 생존을 위한 치열한 경쟁으로 유지되고 있다고 주장함으로써, 신이 선의의 목적으로 창조했다는 기독교의 믿음에 정면으로 도전하고 있다. 기독교계는 예상했던 대로 거세게 반발하고 나섰다. 그러나 시대가 달라졌다. 과학이 종교의 교리에 어긋난다는 이유로 박해받는 시대는 이미 막을 내린 듯하다. 진보적인 신학자들은 신이 동물을 창조한 것처럼 신의 뜻에 따라 진화하는 것도 맞는 말이라며 과학과 종교의 타협점을 찾고 있다.

타임머신 칼럼

다윈의 위험한 생각

전성수 (경원대 교양학부 교수)

때때로 과학은 위험한 진실게임이다. 만일 과학자가 잠재적으로 위험한 사실을 발견하게 되면 종종 진실에 대한 애착과 자신을 비롯한 주변 사람들의 안전에 대한 염려가 서로 충돌함으로써 커다란 도덕적 딜레마에 빠지게 된다. 특히 중세와 근세 서양에서는 과학적 진실과 종교적 교리 사이의 대립이 자주 목격되곤 했다.

천동설의 코페르니쿠스와 갈릴레이, 교회가 후원한 갈레노스의 해부학을 반박한 세르베투스도 바로 그러한 예에 속한다. 앞의 두 사람은 교회와 타협하여 과학적 진실을 부인함으로써 자신의 목숨을 건진 반면, 세르베투스는 진리를 내세워 교회와 맞서다 불꽃 속으로 던져졌다. 그러나 누가 후세를 위해 더 현명한 판단을 했는지는 속단하기 어렵다. 만일 코페르니쿠스와 갈릴레이가 자신의 주장을 끝까지 굽히지 않았다면 이들의 연구업적 또한 세르베투스의 저서처럼 한 줌의 재로 바뀌었을 것이다.

진화론을 주창한 다윈도 비슷한 상황에 직면하게 된다. 다만 다윈은 교회의 창조론에 무모하게 맞서기보다는 자신의 주장을 펴기 위해 적당한 타협점을 찾아낸다.

자신의 추론적 사고를 최초의 상태, 즉 궁극적인 생명의 기원으로까지 거슬러 올라가 펼치는 것을 자제하고 중간단계에서 시작했을 뿐만 아니라, 기원에 대한 자신의 견해를 사석에서조차 좀처럼 드러내놓지 않았다. 즉 생명이 어쩌면 신에 의해 디자인되었을지 모른다는 가능성을 그대로 남겨 둠으로써 위험한 영역 속으로 더 이상 발을 들여놓지 않는 현명함을 보였다.

사실 19세기 초 자연박물학자라면 이전의 학자들이 내놓은 자료를 고찰해 보더라도 창조의 개념보다는 진화가 훨씬 더 만족스런 설명이라는 것을 쉽게 깨달을 수 있었을 것이다. 그러나 일찍이 뷔퐁, 라마르크, 로버트 체임버스 등이 내놓은 진화 이론은 전혀 진지하게 받아들여지지 않았다.

다윈조차도 비글 호의 항해 길에 파타고니아의 화석과 갈라파고스 군도의 동물상을 직접 목격하기 전까지는 진화가 유용한 가설이라고 생각지 않았다. 그러나 결국 자신에게 주어진 기회를 십분 활용하여 자신이 가지고 있던 의문에 대한 해답을 찾아내고 만다.

만일 다윈에게 비글 호의 박물학자로 일하는 기회가 주어지지 않았거나 다윈에게 그 직위를 양보한 헨슬로가 대신 항해에 나섰더라면 다윈의 아이디어는 태어나지 못했을 뿐만 아니라 진화론의 공적은 월리스에게 넘어갔을지도 모른다. 나아가 다윈의 방대하고도 신뢰할 만한 자료가 없었다면 진화론은 사회적으로 쉽게 받아들여지지 못했을 것이다.

1859년 『종의 기원』이 출간되는 순간, 다윈의 근본적인 아이디어는 맹렬한 비난과 열렬한 지지를 동시에 받으며 종교적인 열정에 육박하는 강력한 파장을 일으킨다. 다윈의 혁명은 곧 과학적 혁명이자 철학적 혁명이었기에 두 가지가 함께 가지 않고는 결코 용인될 수 없었다.

결국 다윈이 주장은 엄청난 반향을 일으키고도 새로운 패러다임으로 받아들여지지 못한 채 지난 150년 간 험난한 여정을 겪게 된다. 더불어 여러 가지 오해로 인해 오늘날까지도 사회의 일각으로부터 격렬한 반대에 부딪히고 있다.

이처럼 다윈의 자연 선택에 의한 진화론은 서양의 가장 근본적인 믿음의 바탕에 반기를 든 위험한 생각이었음에도 불구하고 진실을 말한 위대한 과학적 발견인 것만은 틀림없다.

명사 인터뷰

찰스 다윈, "계속 진화하는 학자 되고 싶다"

『종의 기원』을 펴내 사회 전반적으로 파장을 불러일으킨 찰스 다윈을 만나 진화론을 발표하기까지의 긴 여정에 대해 들어 보았다. 그의 진화론 뒤에는 비글 호를 타고 남태평양을 탐험하면서 얻은 진화의 증거들과 찰스 라이엘의 『지질학의 원리』, 경제학자 맬서스의 『인구론』 그리고 무엇보다도 끊임없이 '진화하는 학자' 바로 그 자신이 있었다.

생물이 진화한다고 생각하게 된 계기가 있었습니까?

"우리 집안은 진화와 매우 연관이 많습니다. 저의 할아버지인 에라스무스 다윈은 일찍부터 진화론을 주장하셨어요. 의사였던 아버지도 박물학에 관심이 많으셨고요. 자연스럽게 진화에 관심을 갖게 하는 환경이었던 셈이지요. 하지만 제가 진화론에 관심을 갖게 된 결정적인 동기는 따로 있었습니다."

결정적인 동기라, 그게 뭐죠?

"제게 가장 큰 영향을 미친 것은 지질학자 라이엘의 『지질학의 원리』라는 책이었습니다. 스무 살이 되던 해, 남태평양 탐험선 비글 호의 항해에 자연학자로 참여했을 때 읽게 되었지요. 그 책에는 지층마다 동물화석이 달라진다는 내용이 있었습니다. 저자인 라이엘은 지구가 여러 번의 지질학적 변동을 겪으면서 동물들이 생겼다가 없어지기 때문이라고 설명했지요. 어떻게 생기고 없어지는지까지는 밝히지 않았지만요. 아무튼 저는 그 책을 읽고 나서 종의 진화에 대해 밝혀야겠다는 생각을 했습니다."

그때부터 진화를 증명할 만한 근거를 찾기 시작하신 겁니까?

"그렇습니다. 운 좋게도 비글 호 탐험 중에 아주 많은 증거들을 찾을 수 있었어요. 특히 동태평양의 갈라파고스 군도에는 진화를 입증할 만한 결정적인 증거들이 많았습니다."

예를 들면…….

"갈라파고스에는 작은 섬들이 모여 있습니다. 그런데 같은 종의 동물들이 불과 수십 킬로미터 거리를 두고 그 모습이 조금씩 달랐습니다. 거북이의 경우 섬마다 조금씩 다른 모습으로 변이를 일으켰더군요. 새도 분명 같은 종인데 섬마다 부리가 약간씩 달랐습니다. 조사결과 먹이에 따라서 부리의 모양이 달라졌다는 것을 알아냈습니다. 저는 그 새에게 '다윈의 핀치'라는 별명을 붙였는데, 다윈 핀치가 제게 아주 중요한 사실을 가르쳐 주었지요."

갈라파고스 섬을 조사하면서 종의 진화를 완전히 확신하게 되셨군요.

"그렇습니다. 개체들이 주변 환경에 적응하는 과정에서 진화가 일어난다는 것을 확신했습니다. 그렇지만 아직 더 큰 문제가 남아 있었습니다. 환경 적응을 위해 변이를 일으키면서 진화한다는 것은 분명하지만, 문제는 어떻게 변이를 일으키는지를 설명해야 한다는 점이었죠. 그것 역시 우연히 읽은 책 속에서 힌트를 얻었답니다. 맬서스의 『인구론』이라는 책이었어요."

경제학자의 책에서 진화의 원리를 알아내셨다니, 쉽게 이해가 되지 않습니다.

"맬서스에 의하면 인구는 기하급수적으로 증가하지만 그 많은 인구를 충족시킬 만한 식량 생산이 불가능하기 때문에 '생존을 위한 투쟁'이 일어날 수밖에 없다고 합니다. 맬서스의 바로 이 말에서 진화의 원리를 생각해냈습니다. 생물도 마찬가지거든요. 자연이 공급해 주는 먹이는 한정되어 있는데 동물의 개체수는 계속 늘어나기 때문에 환경에 잘 적응해서 살아남고자 하는 경쟁이 일어날 수밖에 없지요. 종 사이의 치열한 경쟁이 바로 진화의 원동력이 되는 겁니다."

정말 독창적인 아이디어군요. 하지만 동물들이 늘 유리한 변이만 일으킬까요?

"그렇지는 않습니다. 다양한 변이가 일어날 수 있지요. 하지만 환경 적응에 유리한 변이는 사라지지 않는 반면 불리한 변이는 사라지는 경향을 보입니다. 그리고 그러한 경향이 오랜 기간 지속되면서 결국은 새로운 종을 탄생시키는 것입니다. 그게 바로 자연의 선택과정입니다. 결국 진화란 새로운 종이 생겨나는 과정과 사라지는 과정 모두를 포함하는 것이죠."

지금까지의 진화론자들은 진화가 일직선으로 진행되거나 한 종을 중심으로 방사형으로 뻗어나간다고 했는데, 그 점에 대해서는 어떻게 생각하시는지요?

"절대 그렇지 않아요. 종의 진화는 계통수를 이루며 이루어집니다. 나무의 가지가 뻗어나가는 것처럼 같은 계통에서 비슷한 종들이 생겨나지요. 이것이 진화에 결정적인 역할을 하는 겁니다."

아, 네. 그런데 다윈 씨와 같은 내용의 진화론을 비슷한 시기에 발표한 사람이 있다고 들었는데, 사실인가요?

"박물학자 월리스도 저와 비슷한 시기에 같은 내용의 진화론을 생각해냈습니다. 정말 신기한 일이지요. 동시에 새로운 발견을 하다니 말이에요. 월리스는 말레이 섬을 항해하면서 저와 비슷한 발견을 했다고 들었습니다. 맬서스의 『인구론』을 통해서 경쟁 원리를 생각해낸 점도 같답니다. 월리스가 먼저 저에게 자신의 생각을 알려 왔고, 저희는 공동으로 학회에 논문을 내기도 했답니다. 다만 그에 앞서 제가 『종의 기원』이라는 책으로 사회에 널리 알려진 것뿐이지요."

진화론을 발표하기까지 여러 어려움이 많으셨을 텐데, 논문과 책을 발표하셨고 대단한 반향을 불러일으키고 있어 감회가 남다르시겠군요.

"생물학자가 되기까지, 그리고 이렇게 진화론을 발표하기까지 제가 겪었던 수많은 시행착오를 생각하면 정말 그렇습니다. 저는 원래 의사가 되려고 했습니다. 지금은 이렇게 생물학자가 되어 있지만요. 저 역시 그런 과정에서 '진화' 하지 않았나 싶습니다. 앞으로도 계속 진화하는 학자가 되고 싶고요."

'계속 진화하는 학자' 라……. 정말 의미 있는 말씀이십니다. 과학사에 길이 남을 업적 계속 기대하겠습니다.

‘사회적 다윈주의’ 등장

사회 여기저기서 다윈의 추종자들이 늘고 있다. 많은 사회 사상가들이 다윈의 대변인을 자처하여 종교계와 맞서는가 하면, 다윈의 진화론의 영향을 받은 이론을 전개하고 있어 ‘사회적 다윈주의’ 라는 말까지 생겨났다.

우파 사회학자인 존 스튜어트 밀이나 콩트, 스펜서 등은 자연에서 생존을 위해 치열한 경쟁을 하는 과정에서 종이 진화하듯이, 사회에서도 개인들이 자신의 이익을 위해 경쟁하다 보면 사회 전체의 경제적인 선이 실현된다고 주장했다.

그런가 하면 좌파 학자인 마르크스도 다윈의 진화론에서 영감을 받아 자신의 저서 제1권을 다윈에게 바친다고 말했다. 다윈의 진화론이 언제 어디까지 영향력을 발휘하게 될지 사뭇 궁금해진다.

새로 나온 책

최한기의 『지구전요』(총 7책 13권)

1857년에 출간된 이 책은 조선의 실학자 최한기(1803~1875년)가 서양에서 들어온 지식에 자기만의 독창적인 사상을 덧붙여 우주 구조와 지구의 자연 · 인문 · 지리에 대해 설명해 놓았다. 이 책에서 저자는 지구의 자전과 공전에 대한 설명과 함께 아시아 · 유럽 · 아프리카 및 남북 아메리카 대륙을 소개하면서 각 대륙의 여러 나라의 지리와 문화에 대해 이해하기 쉽게 적어 놓았다.

이 책은 중국을 통해 들어온 서양 지리 지식을 단순히 소개하는 것에서 벗어나 기철학과 서양의 과학 지식을 통합하려는 학문적 시도 속에서 나온 체계적이고 실용적인 세계 지리지라는 평을 받고 있다.

최한기는 평생 생원으로 지내면서 오로지 학문에만 몰두해 1천여 권의 책을 집필했다고 한다(남아 있는 것은 <명남루전집>을 비롯한 120권뿐). 조선에 들어오는 중국 서적은 모두 그의 손을 거쳐야 할 정도로 새로운 학문과 책에 열중했는데, 그가 책값이 비싸다고 푸념하는 한 지인에게 한 말은 유명하다.

“지은이를 만나려면 천리 길도 가야 하지만, 책을 읽으면 아무런 수고 없이 그를 만날 수 있으니 훨씬 낫지 않겠는가?”

"인간도 역시 진화한다" 헨리 헉슬리, 다윈 이론 재주장

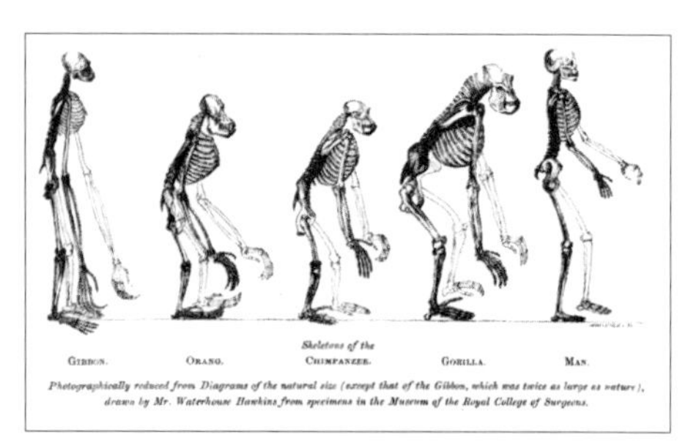

헉슬리의 『자연에서의 인간의 위치』 초판 삽입 그림. 인간과 영장류의 골격을 비교하고 있다.

찰스 다윈의 『종의 기원』으로 진화론에 대해 뜨거운 논쟁이 일고 있는 가운데 영국의 동물학자 토마스 헨리 헉슬리(1825~1895년)가 『자연에서의 인간의 위치』라는 책을 통해 인간 역시 진화의 산물임을 주장했다(1863년). 그는 인간을 닮은 네안데르탈인의 화석에 대한 연구결과를 이론을 뒷받침할 만한 근거로 내세웠다.

다윈의 진화론을 전폭적으로 지지해 온 그는 수많은 토론과 강연을 통해 진화론의 보급에 공헌했다. 1860년 6월 옥스퍼드에서 열린 영국 학술협회 총회에서 진화론을 반대하는 윌버포스 주교와 벌인 논쟁은 특히 유명하다. 이 자리에서 주교가 "당신의 할아버지와 할머니 중 어느 쪽이 원숭이에서 비롯되었느냐"고 묻자 그는 "진실과 대면하기 두려워하는 사람보다는 두 영장류의 자손이 되는 편이 더 낫다"고 대답한 바 있다.

"드넓은 대지가 여러분을 기다리고 있습니다."

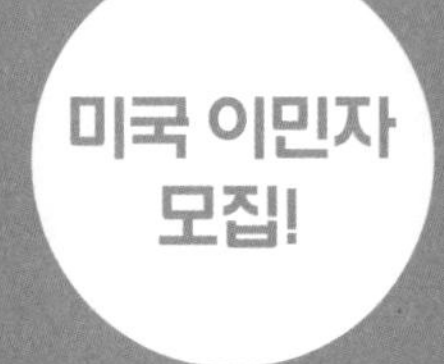

여러분도 이제 꿈을 펼칠 수 있습니다.
대해를 건널 용기와 드넓은 대지를 일굴 건강만 있으면 됩니다.
신대륙의 주인은 바로 여러분입니다.

1776년 7월 4일 독립을 선언하고 1783년의 파리조약에서 마침내
완전한 독립을 쟁취한 미국이 용기 있는 여러분을 기다립니다.
이민을 희망하시는 분은 지금 바로 신청하십시오.

문의처 : 미국이민센터

파스퇴르

생명과학 분야의 창시자

1862년

- 카르노, 열역학 창설(1824년)
- 모스, 전신기 발명(1835년)
- 분젠, 스펙트럼 분석 시작(1859년)

"생명은 자연적으로 생겨나는 게 아니다!"

파스퇴르, 생명과학의 새 장 열어
미생물학 · 의학 · 농업 등 생명과학 분야 전반의 기초 마련

파스퇴르(1822~1895년)가 생명과학에 새 바람을 불러일으키고 있다. 그는 미생물학을 비롯하여 의학, 농업 등 생명과학 전반에 주목할 만한 연구성과를 내놓음으로써 조국 프랑스는 물론 전 세계의 이목을 집중시키고 있다. 그는 특히 철저한 실험을 통한 과학적 방식으로 연구를 진행함으로써 생명과학 분야에 있어 사실상의 창시자로 평가되고 있다.

그의 생명과학 연구는 생명의 발생으로부터 시작된다. 이제껏 과학계에서는 '생명이 어떻게 생겨나는가' 에 관한 정설이 정리되어 있지 않은 채 막연히 생명은 신비로운 힘에 의해서 자연적으로 생겨난다는 생각을 가지고 있었다.

최근 자연적으로 생겨나는 생명체는 미생물에 국한된다는 의견이 강하게 제기되었지만 과학적으로 밝혀진 바는 없었다. 이런 상황에서 파스퇴르는 S자형 플라스크를 이용한 실험(우측 설명 참조)을 통해 미생물을 비롯한 모든 생명체는 자연적으로 발생하는 것이 아님을 증명해 낸 것이다.

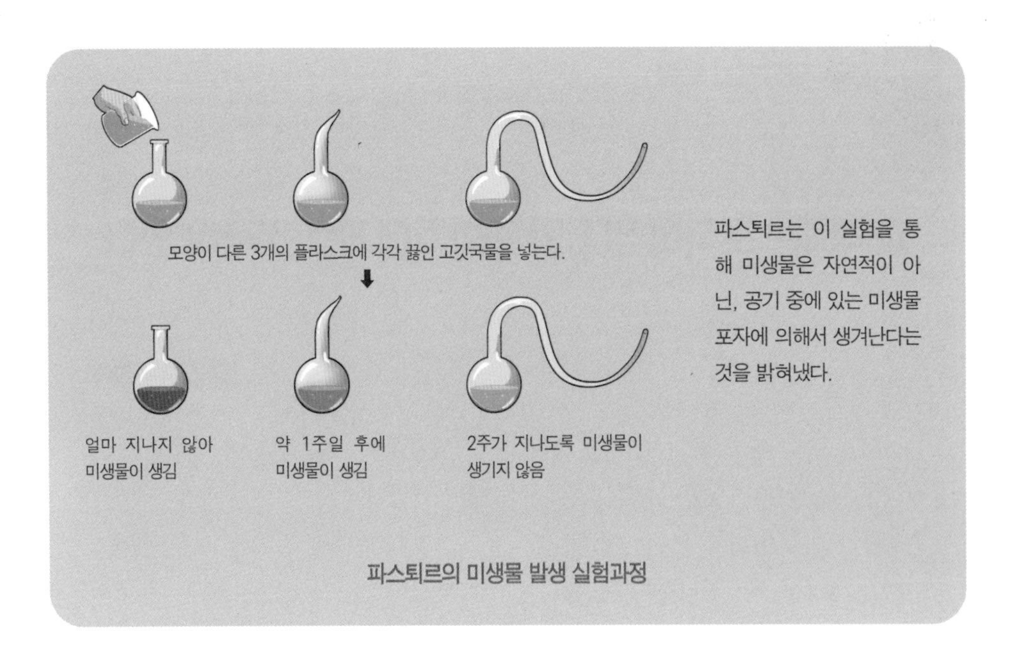

파스퇴르의 미생물 발생 실험과정

효모 발견과 저온 살균법 개발

파스퇴르는 나아가 미생물이 술을 발효하는 과정에 미치는 영향을 밝혀내 술 제조업에도 혁신을 가져왔다. 그는 맛이 다른 각각의 맥아즙 발효액을 관찰해 효모균을 찾아냈는데, 효모란 맥주나 빵, 포도주 등을 발효시키는 데 사용되는 미생물을 말한다. 또한 포도주가 쉬는 이유를 밝혀 달라는 양조장의 의뢰를 받고 조사에 나서, 젖산을 만드는 효모가 원인임을 밝혀냈다.

더불어 섭씨 55도로 가열하면 효모가 죽는 것을 발견, 세계 최초로 '저온 살균법'을 개발했다. '파스퇴르 살균법'이라고도 불리는 이 방법은 포도주는 물론 여러 유제품에도 널리 사용될 것으로 전망된다.

업계와 시민들은 파스퇴르의 금번 연구개발로 인해 영양소 파괴 없는 살균이 가능해진 것에 매우 반가워하고 있다.

타임머신 칼럼

과학에는 조국이 없지만 과학자에게는 조국이 있다

손영운 (과학저술가)

18세기 중엽 파스퇴르는 S자형 플라스크를 이용하여 미생물이 번식하는 것은 공기 중에 떠돌아다니는 미생물의 포자가 영양물질에 침입하여 번식하는 것일 뿐, 미생물이 자연적으로 발생하는 것이 아니라는 사실을 증명하여 자연 발생설을 부정했다.

이 발견은 파스퇴르에게 미생물학이라는 학문의 토대를 정립한 위대한 과학자라는 명예를 안겨 준 것은 물론, 과학사에서는 생물학이 제대로 된 과학으로서 인정받는 혁명적인 계기를 가져왔다.

하지만 그 무렵, 파스퇴르는 개인적으로 고통스러운 삶을 겪어야 했다. 어머니와 아버지가 차례로 사망한 데 이어 사랑하는 두 딸마저 잃었다. 뿐만 아니라 파스퇴르 자신도 1868년에 찾아온 뇌출혈로 왼쪽 반신이 마비되어 불구가 되었다.

특히 1870년에 일어난 보불 전쟁으로 파스퇴르는 사랑하는 조국 프랑스와 국민들이 겪는 엄청난 아픔에 밤잠을 설쳐야 했다. 위대한 과학자의 명예와 불구의 몸을 가진 파스퇴르는 얼마든지 전쟁에 빠질 수 있었으나, 50세의 많은 나이에도 불구하고 조국을 지키기 위해 민병대에 자원했다. 하지만 프랑스 정부는 그를 받아들이지 않았고, 파스퇴르는 대신 아들을 전장으로 보냈다.

파스퇴르는 전쟁에서 군인으로 싸울 수 없게 된 것을 안타깝게 여긴 나머지 과학자로서 조국을 위해 일하기로 결심했다.

파스퇴르는 우선 3년 전 프로이센의 본 대학으로부터 받은 의학박사 학위

증서를 돌려보냈다. 이와 함께 그는 '나의 사랑하는 조국 프랑스를 증오하는 프로이센의 빌헬름 황제의 이름으로 받은 학위증을 돌려보내니, 귀 대학의 기록에서 내 이름을 삭제해 주길 바란다' 라는 엄중한 경고의 메시지를 전달했다.

아울러 '과학에는 조국이 없지만 과학자에게는 조국이 있다' 라는 유명한 말을 남겨 프랑스 젊은이들의 애국심을 고취시키는 정신적인 지주가 되었다.

파스퇴르는 또한 자신의 과학적인 지식을 활용하여 전후 프랑스의 재건에 큰 공을 세웠다. 다양한 가축의 병원균과 이를 물리칠 백신을 개발하여 프랑스의 축산업 발전을 비약적으로 발전시킨 것이다. 이에 한 과학자는 '파스퇴르의 과학적 업적은 보불 전쟁의 배상금 50억 프랑보다 훨씬 가치가 크다' 라는 말로 그의 업적을 높이 평가하기도 했다.

그뿐이 아니다. 파스퇴르는 과학 입국론을 제안하며 프랑스 과학 정책의 일대 전환을 주장했다. 그는 보불 전쟁에서 프랑스가 패한 것은 과학 정책의 빈곤에 있다고 생각했다. 파스퇴르의 노력은 그 후 열매를 맺어 프랑스가 과학 선진국이 되는 기틀이 되었다. 오늘날 프랑스 국민들이 가장 존경하는 인물이 황제 나폴레옹이 아닌 과학자 파스퇴르인 까닭이 여기에 있다.

보불 전쟁:프랑스와 프로이센 사이에 일어난 전쟁으로, 통일 독일을 이룩하려는 비스마르크의 정책과 그것을 저지하려는 나폴레옹 3세의 정책이 충돌하여 빚어졌다. 1870년 7월 19일 프랑스가 먼저 선전 포고를 했으나 전쟁에 패배하여 독일에 배상금 50억 프랑을 지불하고 알자스-로렌의 대부분을 빼앗기는 등 큰 상처를 입었다.

특집기사

파스퇴르 연구, 의학계와 수의학계 혁신 일파만파로

탄저병 예방접종 개발

파스퇴르는 독일의 세균학자 코흐(1843~1910년)가 탄저병의 원인이 되는 미생물이 고깃국물로 만든 배양액에서 증식하는 것을 알아낸 방법을 따라 실험하던 중, 닭의 콜레라균을 채취해 일정 시간 두었다가 병아리에 주사하면 콜레라에 걸리지 않는다는 사실을 발견하였다.

더 놀라운 사실은 이 주사를 맞은 병아리는 독성이 강한 콜레라균에 감염시켜도 발병하지 않는다는 것. 파스퇴르는 그 원인을 활동력을 잃은 균이 정상적인 병균에 대한 면역성을 길러주기 때문이라고 설명한다. 이러한 일련의 과정을 통해 파스퇴르는 예방접종의 원리를 확립, 탄저병 예방접종을 개발하였다(1881년).

수술환자 사망률 대폭 낮춰

외과의사들은 여러 마취약 개발로 환자의 고통을 전보다 훨씬 줄여 주었으나, 수술 후의 사망률에 대해서는 속수무책이었다. 수술의 성공 여부를 떠나 수술 중 감염으로 목숨을 잃는 환자가 많았던 탓이다.

실제로 영국의 외과의사 리스터는 자신이 집도한 수술환자들의 사망률이 45%에 달한다고 발표한 바 있다(1864년). 이것은 다른 외과의사들에 비해 그나마 훨씬 나은 경우로 대부분의 수술 성공률은 20%에 그친다. 이에 리스터는 파스퇴르의 발효와 부패에 관한 연구결과를 응용, 상처에 생기는 미생물을 죽일 수 있는 화학적 방법을 연구하였다. 그 결과 방부제 역할을 하는 석탄산 수용액을 수술 부위에 뿌려 45%였던 사망률이 15%로 줄어들었다고 한다.

다이너마이트 발명한 노벨, 세계적인 명예와 부는 따놓은 당상

스웨덴의 화학자 알프레드 B. 노벨(1833~1896년)이 액체 니트로글리세린 폭탄의 위험성을 보완한 고체 폭탄, 다이너마이트를 발명해 영국(1867년)과 미국(1868년)에서 특허를 냈다. 액체 니트로글리세린은 기존의 흑색 화약에 비해 폭발력은 뛰어나지만 휘발성이 강해 안전에 문제가 있었다. 이를 해결하기 위해 노벨은 뇌관 발명에 이어 니트로글리세린의 고체화에 성공했다.

1863년 노벨이 발명한 뇌관은 금속용기에 액체 니트로글리세린을 채운 다음 점화장치에 설치한 흑색화약을 폭발시켜 니트로글리세린의 폭발을 유도하는 것이었다. 그러나 니트로글리세린의 운반과 취급과정에는 여전히 큰 위험이 따랐다.

이에 노벨은 계속된 연구에서 규산이 함유된 규조토에 니트로글리세린을 스며들게 해 말리면 사용과 취급이 훨씬 편할 뿐 아니라 안전하다는 것을 발견하고는 이 새 제품에 다이너마이트('힘' 을 뜻하는 그리스어 '디나미스' 에서 따온 말)라는 이름을 붙였다. 다이너마이트는 광산뿐만 아니라 굴착 공사, 수로 발파, 철도 및 도로 건설에 이르기까지 널리 쓰일 것으로 보여 노벨은 머지않아 세계적인 명성과 부를 움켜쥘 것으로 예상된다.

호기심 Q&A

Q : 박테리아와 바이러스는 어떻게 다른가요?

A : 박테리아와 바이러스는 둘 다 미생물입니다. 그 중 박테리아는 다른 말로 세균이라고 부르지요. 이것은 가장 미세하고 가장 하등에 속하는 단세포 생물체입니다. 다른 생물체에 기생하여 병을 일으키기도 하고 발효나 부패작용의 원인이 되지요.

박테리아는 스스로 생활할 수 있는 능력을 지니고 있는 반면 바이러스는 스스로 에너지를 만들어내지 못합니다. 그래서 다른 세포에 의존해야만 살아가거나 증식할 수 있지요. 하지만 일단 세포 안으로 들어가면 무서운 속도로 증식한답니다.

구석기인 화석 발견, 크로마뇽 인으로 명명

프랑스 크로마뇽의 바위 밑에서 지금으로부터 약 4만~1만 년 전 유럽에서 살았던 구석기인의 화석이 발견되었다(1868년). 이날 발견된 뼈는 남성 세 구, 여성 한 구를 비롯해 태아 한 구인데, 키가 180센티미터 정도로 매우 크며, 하반신에 비해 상반신이 훨씬 길고, 튀어나온 입과 발달된 턱이 특징이다.

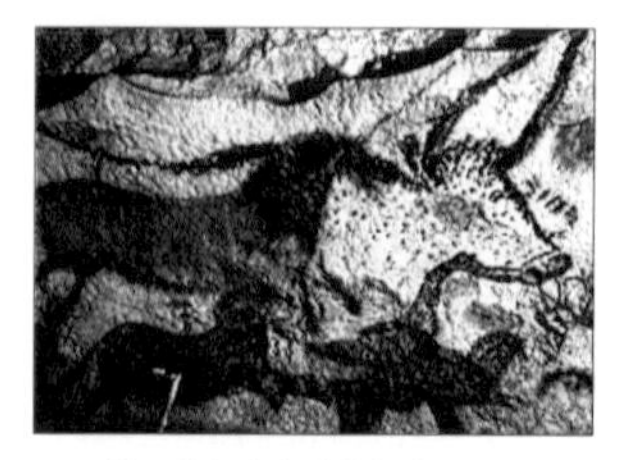

크로마뇽 인이 남긴 벽화의 일부

그들이 동굴 벽에 남긴 매우 아름다운 그림을 통해 그들의 삶을 어느 정도 추측하자면, 가족 혹은 부족 단위로 모여 살면서 집단으로 사냥을 하러 다녔고, 짐승의 뼈를 깎아서 창이나 작살을 만들어 사용했던 것으로 보인다. 또한 돌그릇과 무기 등에 섬세한 무늬를 새겨 넣고 벽화와 조각을 만들거나 장신구로 몸단장을 할 만큼 수준 높은 문화를 갖고 있었던 것으로 평가된다.

호기심 Q&A

Q : 발효와 부패는 어떻게 다른가요?

A : 발효와 부패를 한마디로 표현하면 둘 다 '썩는다'는 것입니다. 즉 두 가지 모두 미생물에 의해 유기물이 변화를 일으킨 상태를 의미하지만 그 결과는 사뭇 다릅니다. 하나는 몸에 좋다며 맛있게 먹기도 하지만, 다른 하나는 미련 없이 버리죠. 이 차이는 썩으면서 무엇이 만들어지느냐에 달려 있습니다. 즉 미생물에 의해서 우리에게 이로운 부산물이 만들어지면 발효, 그와 반대로 유해하거나 원하지 않는 상태로 변질된 것은 부패라는 말이지요. 예를 들어 우유를 상온에 방치하면 부패해서 악취가 나고 먹을 수 없는 해로운 상태가 되지만, 적정한 온도에서 발효시키면 젖산이 생성되어 몸에 좋은 요구르트나 치즈 같은 부산물이 만들어집니다.

발효나 부패에 관여하는 미생물의 종류는 헤아릴 수 없을 만큼 다양하며 그 특성도 제각각입니다. 따라서 미생물을 인류에게 이롭게 활용할 수 있게 되기까지는 수많은 시행착오와 우연한 발견, 파스퇴르 같은 연구자들의 공로가 필요했지요.

새로 나온 책

러벅의 『선사시대』

인간의 역사, 시대구분의 완성을 위한 책!

나라와 문자가 생기기 이전에 인간이 일군 시간은 어떻게 구분하는 것이 좋을까? 덴마크의 고고학자이면서 덴마크 박물관장을 지낸 C. J. 톰센은 1836년 인류가 사용한 유물에 따라 이 시기를 석기 시대, 청동기 시대, 철기 시대로 구분하였다. 영국의 고고학자 존 러벅은 최근에 출간한 자신의 저서 『선사시대』에서 이 시대를 선사시대(역사 이전의 시대라는 뜻)로 지칭하면서 석기 시대를 구석기와 신석기로 구분하고 그에 대해 설명해 놓았다(1865년).

캐럴의 『이상한 나라의 엘리스』

엘리스가 이상한 나라를 여행하면서 겪는 신기한 일들!

옥스퍼드 대학교의 수학교수 루이스 캐럴(1832~1898년)이 동화 『이상한 나라의 엘리스』(원제 : 엘리스의 모험)를 펴내 화제가 되고 있다. 그는 자신이 재직하고 있는 대학 학장의 딸이자 절친한 친구인 엘리스 리델을 위해 이 책을 썼다고 밝혔는데, 재치 있는 글로 묘사한 환상과 모험이 가득 찬 이야기가 어린이들을 꿈의 세계로 인도할 것이다(1865년).

멘델
유전학의 창시자

1900년

- 에디슨, 백열전등 발명(1879년)
- 코흐, 결핵균 발견(1882년)
- 뢴트겐, X선 발견(1895년)
- 톰슨, 전자 발견(1897년)

34년간 잠들어 있던 멘델의 유전법칙 재발견

1900년, '멘델 유전법칙 재발견의 해' 로 지정

오스트리아 브륀(현재 체코의 브르노)의 수도사로 재직하던 멘델(1822~1884년)이 오랜 기간의 완두 교배실험을 통해 유전법칙을 규명한 것이 뒤늦게 밝혀져 화제가 되고 있다.

멘델은 수도사 시절인 1856년부터 성 토마스 수도원 원장으로 취임하던 1868년에 이르기까지 수많은 완두 실험을 했던 것으로 전해진다. 그는 오랜 실험 끝에 '멘델의 유전법칙' 을 수립하고, 1865년에는 브륀의 자연과학협회 정기회의에서 「식물의 잡종에 관한 실험」이라는 제목으로

논문을 발표하였다. 그러나 멘델의 논문은 이해하는 사람이 아무도 없어 그대로 도서관에 박혀 있는 신세가 되고 말았다.

그런데 최근 멘델의 논문 내용이 세상에 알려지면서 생물학계에 큰 반향을 불러일으키고 있다. 멘델이 논문을 쓴 지 34년 만의 일이다. 안타깝게도 멘델은 이미 6년 전에 세상을 뜨고 말았다.

멘델의 논문이 세상의 빛을 본 것은 유전을 연구하던 드 브리스, 코렌스, 체르마크에 의해서이다. 이 세 학자들은 모두 멘델과 같은 내용의 유전법칙을 연구하는 학자들이었으며, 관련자료를 조사하던 중 비슷한 시기에 멘델의 논문을 발견하게 되었다(1900년). 멘델의 논문을 발견한 세 명의 학자들은 크게 놀라지 않을 수 없었다. 멘델이 했던 완두 교배실험을 통한 유전법칙이 세 학자들의 실험이나 결론과 거의 일치했기 때문이다. 드 브리스와 체르마크는 자신들의 논문과 함께 멘델의 논문을 학회에 제출하였고, 이것으로 멘델의 길고 고단했던 연구성과가 비로소 세상 사람들의 관심을 받게된 것.

멘델이 완두 실험을 했던 정원

멘델의 논문이 세상에 알려지면서 그를 추종하는 유전학자들이 줄을 잇고 있다. 사실상 멘델이 유전학을 창시한 아버지로 자리매김한 셈이다. 세 학자가 동시에 멘델의 논문을 발견하여 세상에 알린 1900년도는 멘델을 유전학의 아버지로 거듭나게 한 '멘델 유전법칙 재발견의 해' 로 지정되었다.

호기심 Q&A

Q : 멘델이 많은 식물 중에 완두를 선택해서 실험한 이유가 있을까요?

A : 완두는 유전 연구를 하기에 좋은 조건을 두루 갖춘 식물입니다. 일단 우성과 열성 형질이 뚜렷하고, 한 세대가 짧고 자손의 수가 많은데다 교배하기에도 편한 식물입니다. 게다가 당시 유럽에서 매우 흔했고 관리하기에도 편한 식물이기도 하지요. 멘델은 실험 대상을 아주 잘 선택했습니다. 만약 다른 식물을 택해서 실험했다면 명확한 유전법칙을 세우기가 힘들었거나 좀더 오랜 세월 실험해야 했을 겁니다. 혹 도중에 포기하는 일이 있었을지도 모르지요.

타임머신 칼럼

경험적 지식의 차원을 높인 멘델의 탐구정신

하영미 (연세대 기초과학연구소 전문연구원)

인류가 동물과 다르게 찬란한 문명을 발달시킬 수 있었던 까닭은 무엇일까. 누군가는 인간의 발달된 뇌가 동물과는 다른 창의적 사고를 한다고 말한다. 그러나 인류만큼이나 뇌가 발달한 돌고래는 사람처럼 예술을 사랑하거나 문화를 발달시키지 못했다.

미국의 생리학 박사 제레드 다이아몬드는 최근 출간한 저서에서 인류의 문명 발전이 가축을 사육하고 저장 가능한 곡식을 재배하면서 시작되었다고 주장한다. 그 두 가지 계기로 말미암아 먹이를 찾아 들판을 헤매는 노력과 시간을 줄일 수 있게 되었고, 여분의 시간을 창의적인 사고에 활용하면서 문명이 발달하게 되었다는 것이다.

실제로 현재 우리가 재배하는 곡식과 야채, 사육하는 가축은 야생의 것을 길들이거나 새로운 종으로 교배시켜 얻은 결과물이다. 원시시대 때부터 야생 동식물의 사육과 재배, 교배가 시작된 것으로 보아 당시의 인류 또한 경험과 관찰을 통해 어렴풋이나마 유전법칙을 깨달았던 것으로 짐작된다.

그러나 경험과 관찰에 기초한 교배와 재배는 다양한 시도와 실패를 거쳐야 하기에 오랜 시간이 걸릴 수밖에 없다. 인류 문명의 발달도 마찬가지였다.

1800년대 중반 농부의 집안에서 태어난 멘델 역시 생물의 특징이 유전된다는 사실을 경험상 깨닫고 있었다. 그러나 정작 멘델의 위대함은 그가 과학과 문명 발달에 직접적으로 기여한 데 있지 않다. 실제로 그의 발견은 과학에나 인류의 발전에 아무런 영향을 미치지 못했다. 멘델이 살아 있는 동안 아무도 그의 논문을 읽지 않았기 때문이다. 그의 업적은 50년 후 다른 과학자들에 의해 재발견되면서 세상에 알려지게 된다.

사실 멘델의 위대성은 경험적 법칙에 만족하지 않고 그 근본 원리를 밝히고자 했던 탐구정신에 있다. 그는 유전의 실체를 밝히고자 체계적인 실험을 수행했다. 그 결과 그가 수행한 유전학 실험의 근본 원칙과 그가 발견한 기본적인 유전법칙들은 150년이 지난 오늘날까지 유전학 연구의 기본원리로 살아 있다.

비슷한 시기, 세계를 여행하며 생물의 진화를 알아냄으로써 과학계와 사회에 거대한 발자취를 남긴 다윈 역시 부모의 특징을 자손이 닮는 '변화의 세습' 이라는 진화 유전적 법칙을 발견한 바 있다.

변화의 세습은 거시적으로는 생물의 변화와 유전을 잘 설명하는 원리였지만, 이 법칙과는 상반되게 변화가 세습되지 않는 경우 또한 많았다. 자신의 법칙에 대한 예외를 설명할 수 없었던 다윈은 매우 혼란스러워했다. 하지만 그는 체계적인 실험을 통해 과학적 원리를 증명하려는 시도는 하지 않았다. 이는 다윈의 개인적인 한계이기도 했지만 관찰만 우선시할 뿐 실험 과학적 체계가 미약하던 당시 과학계의 한계이기도 했다.

멘델은 이러한 시대에 체계적인 유전 실험의 바탕을 마련하고 과학적인 분석을 시도했다. 더구나 체계적인 교배와 실험, 결과 분석을 통해 유전법칙을 알아낸 통찰력에 우리는 감탄하지 않을 수 없다.

원리를 밝히고자 하는 탐구정신이야말로 과학 발전의 근본적 힘이며 인류 문화 발전의 기본임을 알기에 우리는 멘델에게 뒤늦게나 찬사와 존경을 보내는 것이다.

집중탐구

34년 만에 빛을 보게 된 '멘델의 유전법칙'

10여 년에 걸친 완두와의 씨름

오스트리아의 성직자이면서 유전학자인 멘델은 1856년부터 교회 뜰에서 10여 년에 걸쳐 완두를 교배하며 유전법칙을 연구했다. 10년이란 긴 세월 동안 완두와 씨름을 벌인 성과가 뒤늦게나마 세상의 빛을 보게 된 것은 참으로 다행스러운 일이다.

완두는 대개 자가수분을 하는데, 멘델은 유전법칙을 알아내기 위해서 인위적으로 완두를 수분시켰다. 멘델은 완두의 여러 형질 중에서 우성과 열성이 분명하게 나타나는 7개의 형질을 선택하여 그것들이 세대를 거듭하면서 어떻게 유전되는지를 통계적으로 조사하였다. 이러한 수학적 방법은 유전법칙을 세우는 데 매우 효과적이었다.

	우 성	열 성
콩의 모양	둥근 콩	울퉁 불퉁한 콩
콩의 색	노란색	녹색
꽃의 색	담홍색	흰색
꼬투리 모양	잘록한 것	밋밋한 것
꼬투리 색	녹색	노란색
꽃과 꼬투리 위치	줄기마다	줄기 끝에만
줄기 길이	짧은 줄기	긴 줄기

완두의 7가지 형질

멘델의 3대 유전법칙

멘델은 완두 실험을 통해 세 가지 유전법칙을 세웠다. 한 가지의 대립 형질을 가진 완두끼리 교배시키는 실험을 통해서 '우열의 법칙'과 '분리의 법칙'을, 두 가지의 대립 형질을 통한 실험에서는 '독립의 법칙'을 세운 것이다.

1. 우열의 법칙

유전 형질은 섞이는 것이 아니라 어떤 형질은 유전되어 나타나고 어떤 형질은 나타나지 않는다. 예를 들어 황색과 녹색의 완두를 교배시키면 두 가지 색이 혼합된 색깔의 완두가 나오는 것이 아니라 황색 또는 녹색의 완두가 나오게 된다.

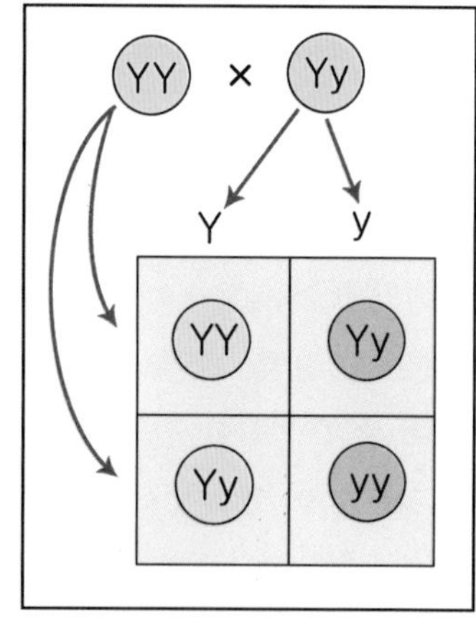

퍼네트의 사각도표 : 멘델의 '분리의 법칙'을 설명하기 위해서 퍼네트가 만든 사각형

멘델은 잡종 1대에서 나타나는 형질을 '우성 형질', 잡종 1대에서 나타나지 않는 형질을 '열성 형질'이라고 정했다. 우성과 열성을 교배하면 잡종 1대에서는 우성 형질만 나타난다. 하지만 잡종 1대끼리 다시 교배시키면 사라졌던 열성 형질이 다시 나타난다.

2. 분리의 법칙

유전은 부모로부터 받은 유전자 쌍에 의해서 특징이 결정되는데, 각각의 유전자 쌍은 하나씩 분리되어 다음 대의 생식세포로 들어간다. 이러한 유전자 분리 과정을 통해 잡종 1대끼리 교배해서 나타난 잡종 2대에서는 우성과 열성의 비율이 3:1로 나타난다.

3. 독립의 법칙

2쌍의 대립 형질은 각각 동시에 유전될 수 있다. 멘델은 황색이면서 둥근 완두와 녹색이면서 주름진 완두를 교배시키면 색깔과 모양이 각각 독립적으로 유전되는 것을 발견하였다.

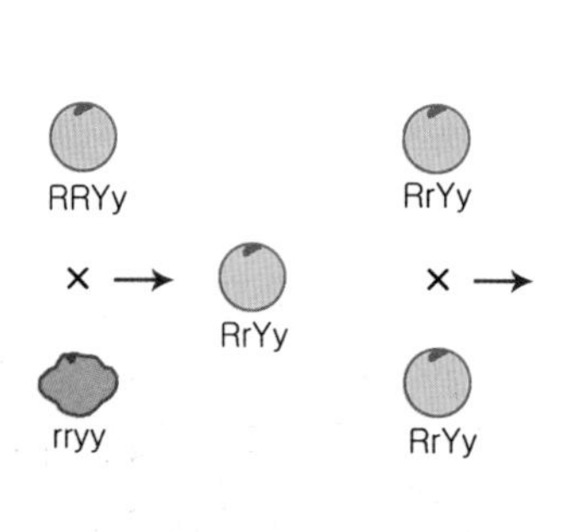

RRYY	RRYy	RrYY	RrYy
RRYy	RRyy	RryY	Rryy
rRYy	rRYy	rrYY	rrYy
rRYy	rRyy	rrYy	rryy

혈액형 발견으로 외과수술 쉬워질듯

	A형	B형	AB형	O형
적혈구 형태	A	B	AB	O
보유 항체	항B	항A	항체 없음	항A와 항B
보유 항원	A항원	B항원	A항원과 B항원	항원 없음

오스트리아 빈 대학의 병리학자 란트슈타이너(1868~1943년)가 인간의 혈액형을 발견해 발표했다(1901년). 이로써 안전한 수혈이 가능해져 외과수술을 받는 환자나 부상으로 출혈이 심한 환자들의 생명을 구할 수 있는 길이 열리게 되었다.

19세기를 지나오면서 의학은 눈부신 발전을 거듭했다. 특히 외과수술의 진보는 많은 생명을 구하는 데 큰 몫을 담당했다. 하지만 수술할 때 흘리는 피가 오랫동안 외과수술의 장애가 되어 왔다. 수혈이라는 방법이 있기는 하지만, 다른 사람의 혈액이 서로 섞이면 엉겨 붙는 현상이 자주 일어나 수혈받는 사람은 상당한 위험을 감수해야 했다.

란트슈타이너는 혈청학에 관해 연구하던 중 사람의 혈액은 적혈구에 어떤 응집원이 있느냐에 따라 A형, B형, AB형, O형으로 구분된다는 사실을 밝혀냈다. 즉 혈액 속에는 다른 종류의 응집원에 대항하는 항체가 있어 다른 혈액형의 혈액과 만나면 응집 반응을 일으키게 된다는 설명이다. 란트슈타이너의 이번 발견으로 인해 외과 의학이 비약적인 발전을 이룰 것으로 기대된다.

사이언스툰 유전학의 1등 공신 완두콩

멘델의 유전법칙은 우리 몸 어디에서 일어날까?

유전을 일으키는 유전자가 염색체에 들어 있다는 논문이 발표되어 화제가 되고 있다. 논문의 주인공은 25살의 컬럼비아 대학생 월트 S. 서턴(1877~1916년). 그는 「생물학 회보」(1902년)에 실은 두 편의 논문을 통해 쌍을 이루고 있는 염색체가 유전물질을 운반하는 유전의 단위 물질이라고 설명했다. 생식세포의 염색체가 분열하는 동안 염색체가 보이는 행동이 멘델의 유전법칙을 설명하는 물리적 기초라는 것이다.

염색체가 처음 발견된 것은 1842년이지만, 염색체라는 이름을 붙인 것은 1888년 독일의 생물학자 발데이어가 처음이다. 하지만 그 역시 막대기 모양의 이 물질이 무엇인지는 밝혀내지는 못한 채 다만 염기성 염료에 염색이 잘 된다는 점에 착안하여 염색체라고 부르게 된 것이다.

새로 나온 책

지그문트 프로이트의 『꿈의 해석』

"꿈의 해석으로 무의식 세계를 열다"

오스트리아 빈에서 신경병원을 운영하고 있는 지그문트 프로이트가 무의식의 세계를 다룬 『꿈의 해석』을 출간해 주목받고 있다(1899년). 그는 무의식이 인간의 행동에 막대한 영향을 미친다는 가정 하에 히스테리를 치료해 왔는데, 그간 연구한 이론과 임상 관찰한 내용을 바탕으로 인간의 마음에 본인이 의식하지 못하는 무의식이 존재한다는 확신을 얻었다고 한다.

『꿈의 해석』에서 그는 꿈은 무의식의 세계에 이르는 길이라고 보고, 꿈의 의미와 그 속에 나타나는 상징 그리고 꿈이 생겨나는 원리와 심리 작용에 대해 탐구하고 있다. 또 꿈을 심리학적으로 해석할 수 있는 방법을 제시하면서 실제로 자신을 비롯한 주변 사람들과 환자들의 꿈을 해석해 싣고 있다.

가령 '이르마의 주사 꿈'이라는 자신의 꿈을 예로 들며 자기의 책임을 환자에게 전가하고 싶은 마음과 꿈속의 인물들이 혼합되어 환자와 그의 친구, 자신의 아내 등이 한 사람으로 표현되는 것을 밝혀내는가 하면, 꿈에서 치아가 뽑히는 것은 거세의 상징이며, 태몽으로서의 의미 또한 지닌다고 분석하고 있다.

이 책은 분량도 방대하고 이론이 매우 난해하여 일반 독자가 흥미롭게 읽기란 쉽지 않다. 하지만 그가 제시하는 개념은 정신분석학과 심리학을 비롯한 많은 분야에 영향을 미칠 것으로 전망된다.

파블로프

동물의 조건반사 규명

1904년

- 플랑크, 에너지의 양자론 제창(1900년)
- 라이트 형제, 비행기 제작(1903년)
- 쿠텐베르크, 지구의 핵 발견(1913년)

조건반사 규명한 파블로프 노벨상 수상

자연과학적인 실험을 통해 뇌의 생리적 작용 규명
소련, 최초의 노벨상 수상으로 축제 분위기

조건반사를 규명해내 세계적인 주목을 받았던 러시아 상트페테르부르크 대학교의 생리학 교수 이반 파블로프(1849~1936년)가 노벨 생리의학상을 수상했다(1904년). 소련 정부와 국민은 소련에서의 첫번째 노벨상 수상자 탄생 소식이 전해지자 축제 분위기에 휩싸였다.

파블로프는 특히 뇌와 기관 사이의 상호작용에 관심을 가지고 오랫동안 연구해 왔으며, 그 중 소화기의 분비물이 신경의 지배로 분비되는 것을 규명해낸 점은 가장 큰 업적으로 평가되고 있다. 이를 입증하기 위해 그가 실시했던 '개의 소화기를 인위적으로 변경하는 수술'은 과학자들 사이에서 화제가 되기도 했다.

파블로프는 이 수술에서 개가 씹은 음식이 위로 들어가지 않도록 만든 다음 음식이 위에 도달하지 않았는데도 위액이 분비되는 것을 발견하였다. 그는 이 실험을 통해 위액의 분비는 입 속의 신경세포가 뇌에 신호를 보내는 데서 비롯된다고 생각했다. 그리고 그의 추측은 곧 사실임이 입증되었다. 신경을 끊은 상태에서 같은 실험을 하자 위액이 분비되지 않았던 것이다.

파블로프는 그 후에도 소화기 계통을 통제하는 신경 시스템에 대한 연구결과를 「소화선의 작용에 관한 연구」라는 논문을 통해 발표했다(1897년).

개를 통한 조건반사의 규명 역시 이러한 연구의 연장선에서 이루어졌으며, 마침내 일련의 업적을 인정받아 노벨 생리의학상을 수상하게 된 것이다. 그의 연구는 뇌의 생리적 작용을 자연과학적인 실험을 통해 규명했다는 점에서 의의가 매우 크다.

한편 소련 정부는 파블로프의 노벨상 수상을 기념하기 위해서 소련 과학아카데미 소속의 생리학연구소를 크게 확충하고, 연구소 이름을 파블로프 생리학연구소로 바꾸었다(1936년).

사이언스툰 무서운 습관

호기심 Q&A

Q : 파블로프가 규명한 조건반사는 뇌의 어느 부분에서 일어나는 것인가요?

A : 조건반사를 일으키는 부위는 대뇌피질입니다. 대뇌피질은 대뇌를 덮고 있는 회백질의 얇은 층을 말하는데, 파블로프는 조건반사의 중추를 확인하기 위한 실험으로 개의 대뇌피질의 일부를 도려내는 수술을 시행하였습니다. 그러자 종소리에 조건반사를 일으켜 먹이를 주지 않아도 침을 흘리던 개가 종소리에 아무런 반응을 보이지 않는 것을 알게 되었습니다. 즉 조건반사에 관여하는 뇌의 부분이 대뇌피질인 것을 알게 된 것이지요.

타임머신 칼럼

과학은 과학자의 전 생애를 요구한다!

파블로프는 실험 중독자라고 불릴 만큼 평생을 실험실에서만 보냈다. 그 결과 소화액의 분비 메커니즘과 신경 지배에 대해 수많은 이론을 밝혀냈고, 1904년에는 노벨 생리의학상을 수상하였다. 하지만 그가 실험실에 틀어박혀 있는 동안 그의 가족은 궁핍한 생활을 면하지 못했다. 세계적인 과학자라는 명색이 무색할 정도로 경제적인 어려움에 허덕이기도 했다.

러시아의 자랑이었던 그가 이처럼 궁핍한 생활을 한 데에는 이유가 있다. 그가 공산주의에 저항한 반체제 인사였기 때문이다. 러시아 혁명 이후 그에게 식량 배급의 특혜가 주어지자 그는 "동료들에게도 같은 혜택을 주지 않는다면 받아들일 수 없다"며 거부했다. 또 1924년 레닌그라드(현 상트페테르부르크)의 군사의학 아카데미가 성직자 자녀들을 축출할 때에는 "나도 목사의 아들"이라며 생리학 교수직을 내놓았다.

평생을 강건한 의지로 세상과 타협하지 않고 오로지 실험에 충실한 삶을 살았던 그는 86세에 폐렴에 걸렸다. 그는 평소 "과학자답게 죽고 싶다"는 말을 하곤 했는데, 과학에 대한 그의 열정에 대해 전해지는 유명한 이야기는 임종을 앞둔 바로 이 시기의 일이다. 그는 죽음을 앞두고도 실험정신을 놓지 않았다. 실험의 달인답게 자신의 병세를 꼼꼼히 체크하고 기록했으며, 죽음 직전에 생명이 소멸해 가는 느낌을 신경 병리학자들에게 들려주었다고 한다.

과학에 대한 그의 열의는 후배 과학자들에게 그가 남긴 말에서도 여실히 드러난다. "여러분이 기억해야 할 것은 과학이란 여러분의 전 생애를 요구한다는 것입니다. 심지어 삶을 두 번 누릴 수 있다 해도 충분하지 않을 것입니다. 과학은 여러분에게 최고의 노력과

최상의 정열을 요구합니다."
자신의 말처럼 파블로프는 전 생애를 과학에 바쳤다. 실험에만 매달려 평생 무능한 가장으로 살았지만, 과학자로서 그의 태도와 삶은 우리를 숙연하게 만든다.

마침내 하늘 정복하다

라이트 형제, 인류 최초로 동력비행기로 비행 성공

머지않은 미래에 모든 사람이 한번은 꿈꾸었을 비행이 가능해질 듯하다. 자전거점을 운영하던 미국의 윌버 라이트(1867~1912년)와 오빌 라이트(1871~1948년) 형제가 인류 최초로 공기보다 무거운 기구를 이용해 하늘을 나는 데 성공했기 때문이다.

손재주가 많은 이들 라이트 형제는 영국의 맥밀런이 개발한 페달 달린 자전거를 제작·판매하는 한편, 꾸준히 비행에 관한 자료를 모으면서 비행기구를 만들어 왔다고 한다. 특히 이들은 새의 날개가 움직이는 모양을 관찰하고 그것을 응용한 비행기구를 만들어 여러 차례 실험했다.

그리고 마침내 1903년 12월 17일 노스캐롤라이나 주 키티호크에서 자신들이 만든 플라이어 호로 시험 비행했다. 추운 날씨에다 앞서 사무엘 랭글리(1896년에 무인 원동기의 시험 비행에 성공한 미국의 천문학자이자 항공 기술자) 등이 비행에 실패한 다음이어서 언론은 물론 사람들로부터 관심을 받지 못했다. 하지만 이 날 라이트 형제의 비행을 위해 모인 인명 구조대원을 포함한 5명은 평생 잊지 못할 광경을 목격했다. 플라이어 호는 12초 동안 36미터를 나는 데 이어 네 번째 시도에서는 59초 동안 260미터를 나는 데 성공했던 것.

인류 최초로 동력장치를 단 비행기의 비행을 선보인 라이트 형제는 이번 성공에 만족하지 않고 계속 비행기 개발에 전념할 것이며, 다음 목표는 도버 해협을 건너는 것이라고 밝혔다.

집중탐구

조건반사,
인간 정신의학과 심리학에도 응용

파블로프가 실험을 통해 규명한 동물의 조건반사란 환경에 적응하기 위해서 경험이나 학습에 의해 후천적으로 만들어지는 반사작용이다. 동물들에게는 선천적으로 자신을 보호하기 위한 반사작용이 프로그램되어 있다. 예를 들어 눈에 이물질이 들어오면 순식간에 눈을 감는다거나 위험이 닥쳤을 때 재빠르게 몸을 피하는 행동 등은 선천적으로 타고난 것이다. 그런데 인위적인 학습과 반복을 통해서도 반사작용을 일으킬 수 있다는 것을 파블로프가 증명해냈다.

그는 배가 고픈 개가 음식을 보면 침을 흘리는 것을 관찰하고, 개에게 음식을 주기 전에 종을 울리는 실험을 반복했다. 그러자 개는 종소리만 들어도 침을 흘렸다. 종소리를 음식과 연관지어 생각함으로써 종소리에 조건반사를 일으키게 된 것이다.

이렇게 형성된 반사작용은 쉽게 사라지지 않지만, 종소리만 들려 줄 뿐 계속 먹이를 주지 않으면 결국 종소리에 반응하던 조건반사는 사라진다고 한다. 즉 한번 형성된 조건

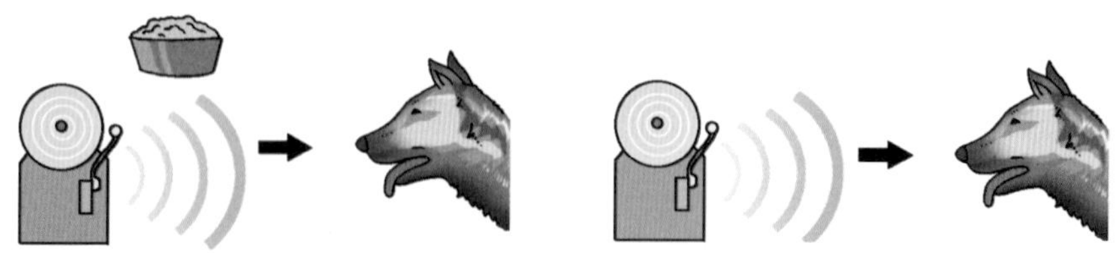

벨을 울린 다음 먹이 주기를 반복하면 벨소리만 들어도 타액이 나온다.

먹이를 주지 않아도 벨소리만 들리면 타액이 나온다.

파블로프의 조건반사

반사는 상당 기간 유지되지만 조건반사를 일으키는 자극만 되풀이되는 경우에는 결국 사라지고 만다. 조건반사는 학습과 경험에 의한 것이기 때문에 고등동물일수록 형성되기 쉽다고 한다.

인간 정신의학과 심리학에도 응용

파블로프의 조건반사는 인간의 정신의학에도 응용되고 있다. 파블로프는 특정 조건하에서 감정폭발이나 정신적인 문제를 일으키는 환자들에게는 조건반사를 일으킬 만한 요소가 없는 조용한 환경이 적합하다고 제안했다.

파블로프의 이론은 행동주의 심리학의 기초를 제공하기도 했다. 극단적인 예로 소련 공산당 치하에서 사람들을 통제하거나 세뇌시키는 데 조건반사 실험을 이용한 것. 외부 자극을 통해 인간의 행동을 마음대로 조정할 수 있다는 이 같은 시도에 대해 파블로프는 어떤 입장이었을까?

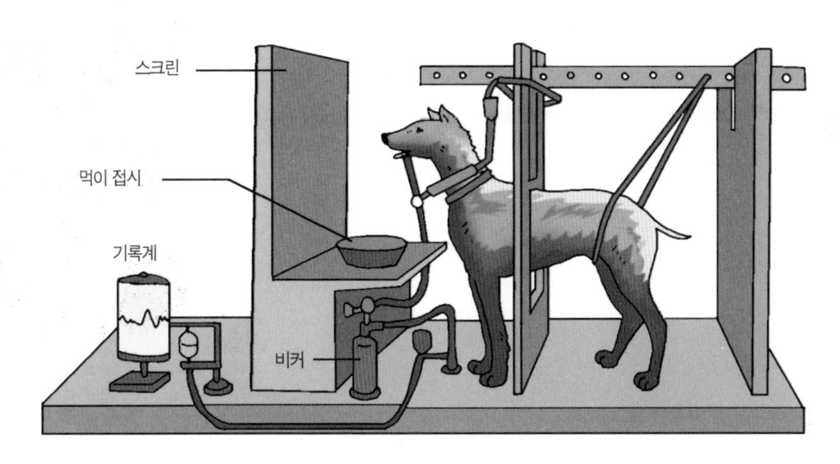

개의 타액이 튜브를 통하여 비커로 들어가는데, 그때 밸브의 움직임이 스크린 뒤쪽에 있는 기록계에 전달됨으로써 분비반응이 기록된다.

파블로프가 실험했던 장치

베게너
대륙이동설 주창

1912년

- 푸코, 푸코의 진자로 지구의 자전 증명(1851년)
- 플레밍, 염색체 분열 발견(1879년)
- 난센, 북극해 탐험(1893년)

"다섯 대륙, 원래는 하나였다!"

알프레드 베게너, 대륙이동설 주창
지구과학계에 지각변동 일어날 것인가

독일 그라츠 대학의 알프레드 베게너(1880~1930년)가 '대륙이동설'을 주창하고 나서 지구과학계가 요동치고 있다. 베게너는 지난 1912년 발표한 지구표면의 형태에 관한 대륙이동설을, 3년 뒤인 1915년 『대륙과 해양의 기원』이라는 책으로 내놓았다.

대륙이동설을 설명하는 『대륙과 해양의 기원』에 실린 그림

베게너의 대륙이동설에 따르면 현재 지구의 여러 대륙들은 고생대 말기까지는 하나의 대륙이었다가 점차 이동, 변화하여 현재에 이르렀다고 한다. 또 현재에도 우리는 느끼지 못하지만 매우 조금씩 움직이고 있고 앞으로도 대륙의 이동은 계속될 것이라고 주장했다. 그는 초기의 하나로 뭉쳐져 있던 대륙을 '초대륙, 즉 판게아'라고 이름 붙였다. 이는 '지구 전체'를 의미하는 말이다.

대륙이동설의 근거

베게너가 제시한 대륙이동설을 뒷받침하는 몇 가지 근거는 다음과 같다.

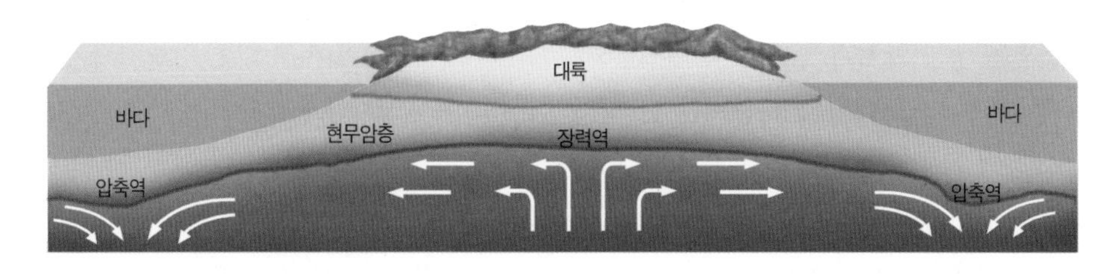

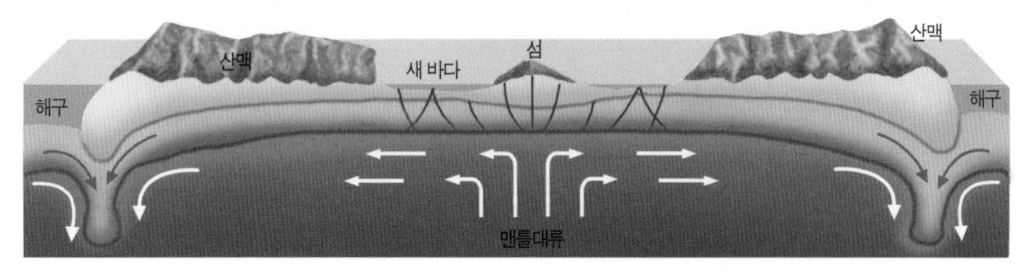

맨틀대류설. 맨틀이 대류하는 힘에 의해 판이 같이 움직인다는 이론으로 1930년대 대륙이동을 설명하는 학설로 부각된다.

첫째는 아프리카와 아메리카 대륙의 해안선이 서로 일치한다는 점이다. 지도에 그려진 대륙을 퍼즐 조각 맞추듯이 맞대어 보면 양 대륙의 해안선이 거의 일치하는데, 이것이 아프리카 대륙판에서 아메리카 대륙이 떨어져 나와 현재의 위치까지 이동했음을 보여주는 근거라는 설명이다.

둘째는 지실 구조의 일치이다. 베게너는 멀리 떨어져 있는 대륙 사이의 지질구조가 매우 유사함을 발견했다. 북아메리카의 애팔레치아 산맥과 스코틀랜드의 카레도이아 산맥은 멀리 떨어져 있는데도 산맥의 지층이 일치하며, 남아프리카의 고원과 브라질의 지층 역시 일치한다. **(뒷면에 계속)**

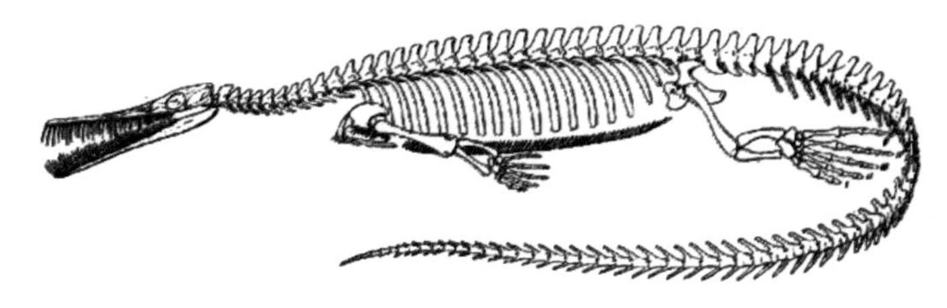

메소사우루스

셋째는 생물 화석의 일치이다. 대서양을 사이에 두고 멀리 떨어져 있는 아프리카와 남아메리카, 오스트레일리아 등에는 글로소프테리스라는 양치종자의 화석이나 메소사우루스 등의 동물 화석이 공통적으로 분포되어 있다.

넷째는 빙하의 일치이다. 남아메리카 남부와 아프리카 남부, 인도, 오스트레일리아의 남부는 열대나 온대기후 지역인데도 고생대 말의 빙하 퇴적층이 공통적으로 분포하고 있다. 베게너는 이 대륙들의 조각을 모아서 맞추면 남극 부분에 위치하게 된다고 주장했다.

이외에도 베게너는 여우원숭이나 하마 등이 아프리카와 인도양 건너 마다가스카르 섬에서 발견되는 사례와 양 대륙을 잇는 습곡작용으로 이루어진 지대, 암석의 연장성 등을 근거로 제시하였다.

타임머신 칼럼

베게너, 반세기를 앞서 산 과학자

최덕근 (서울대 지구환경과학부 교수)

19세기 후반의 과학계에서 지구 형성을 설명하는 이론은 수축설이었다. 원래 지구는 뜨겁게 녹아 있던 상태에서 출발하여 서서히 굳어 수축하였다는 가설이다. 지구가 수축하면 표면에 주름이 생기고, 이때 높은 부분은 대륙과 산맥이 그리고 낮은 부분은 바다가 되었다는 설명이다.

그런데 1912년 베게너라는 독일의 젊은 과학자가 대륙이 이동할 수 있다는 놀라운 논문을 발표하였다. 베게너가 처음에 어떻게 대륙이동의 가능성을 생각했는지는 분명치 않다. 아마도 과학 잡지에서 브라질과 아프리카가 예전에는 좁고 긴 육교로 연결되었다는 논문을 읽고서 이 문제에 빠져든 듯하다. 대서양 양쪽 두 대륙을 접근시켰을 때 마치 조각그림 맞추기처럼 해안선이 잘 들어맞는다는 사실에서 멀리 떨어져 있는 남아메리카와 아프리카의 대륙을 육교로 연결시키는 것보다 오히려 예전에는 한 덩어리였던 대륙이 갈라져 현재의 모습이 되었다고 추측하는 편이 쉬웠을지 모른다.

베게너가 제시한 대륙이동의 증거 중에서 가장 독창적인 내용은 고기후 분포를 이용했다는 점이다. 퇴적물이 쌓일 때 그 지역의 기후적 요소도 함께 쌓이며, 따라서 퇴적암을 연구하면 고기후를 알아낼 수 있다는 논리이다.

예를 들면 빙하 퇴적물은 위도 60도 이상의 극지방에 쌓이므로 빙하퇴적층은 그곳이 극지방이었음을, 울창한 수풀은 주로 적도지방에 분포하므로 두꺼운 석탄층은 당시 그곳이 적도지역이었음을 말해 준다. 또 사막은 현재 위도 20~30도의 아열대지방에 주로 분포하기 때문에 건조한 기후에서 형성되는 암염층이나 사막에서 형성되는 사구층은 퇴적 당시 그 지역이 위도 20~30도의 아열대지방이었다는 증거가 된다.

베게너는 고생대의 퇴적암에 남아 있는 기후적 요소를 종합하여 고생대 지도 위에 적도와 극 위치를 표시하였다. 그 지도에서 현재 북위 30~50도 지역인 북아메리카, 유럽, 아시아의 대규모 탄전지역은 적도지방으로, 빙하 퇴적층이 분포하는 남아메리카, 아프리카, 오스트레일리아 지역은 당시의 극지방으로, 그리고 사막 환경 퇴적층이 분포하는 곳은 아열대지방으로 나타났다.

하지만 베게너의 대륙이동설은 매우 논리적인 근거에도 불구하고 보수적인 학계로부터 비웃음과 냉대를 당했다. 결국 그가 대륙이동설을 제창한 지 반세기가 지난 후인 1960년대에야 대륙이동설은 학계에서 받아들여졌고, 20세기 후반 지구과학의 혁명이라고 불리는 판구조론의 밑바탕이 되었다.

명사 인터뷰

탐험 인생의 선봉장, 알프레드 베게너

20세기에 접어든 이후 가장 격렬한 논쟁을 불러온 책은 아마도 『대륙과 해양의 기원』일 것이다. 저자 알프레드 베게너는 이 책을 통해 수억 년 동안 지구 표면에서 일어난 일을 '대륙이동설'이라는 이름으로 발표했다. 오늘의 〈명사 인터뷰〉에서는 탐험으로 점철된 그의 인생과 연구에 대해 들어 보기로 한다.

요즘 대륙이동설로 많은 주목을 받고 계신데요, 지질학자도 아닌데 어떻게 대륙이동설을 발표하게 되셨는지요?

"저는 천문학에 관심이 있었지만 활동적인 것을 좋아했기 때문에 전공을 기상학으로 바꿨습니다. 기상학을 연구하면서 그린란드와 아이슬란드 등지를 탐험했던 시간은 제 인생 최고의 경험이었답니다."

베게너 씨의 삶은 과학과 탐험이라는 두 단어로 요약될 수 있을 것 같네요.

"저는 과학자이면서 탐험가이길 바랐어요. 머리로 생각할 때도 몸은 늘 새로운 곳을 향해 도전하는 것을 즐겼습니다. 1906년에는 형과 함께 기구를 타고 독일과 덴마크를 52시간 동안 여행한 적도 있었어요. 그것은 당시 세계 신기록이기도 했지요. 기억에 많이 남는 추억입니다."

가끔 엉뚱한 행동으로 사람들을 놀라게 하신다고 들었습니다. 대학 시절 천 한 장만 두른 채 길에 나섰다가 체포된 적도 있다고 하던데…….

“하하, 사람들이 가끔 저의 행동에 놀라곤 하지만 저 자신은 엉뚱하다고 생각한 적이 없습니다. 다른 사람들과 비교해 상상력이 조금 더 풍부하고 조금 더 과감하다고나 할까요?”

그 중에서도 사람들을 가장 크게 놀라게 한 것은 바로 대륙이동설이 아닐까 싶은데요, 언제부터 이토록 과감한 가정을 하게 되셨는지요?

“하루아침에 대륙의 이동을 단정 지은 것은 아닙니다. 젊은 시절부터 제 머릿속에서는 대륙의 모양이 퍼즐조각 같다는 생각이 떠나질 않았어요. 물론 처음에는 얼토당토않다는 생각을 하지 않은 것도 아니지만 그 후 멀리 떨어져 있는 대륙에서 같은 종류의 생물화석이 발견된다는 논문을 읽을 때 강한 영감을 받았습니다. 그때 확신이 생긴 것이죠.”

다른 학자들은 그 사실에 대해 전혀 다른 해석을 내놓았습니다. 이를테면 두 대륙을 연결하는 육교 역할을 하는 대륙이 있었다는 ‘육교설’ 같은 것이지요.

“육교와 같은 땅이 있다가 어느 날 갑자기 바닷속으로 빠졌다는 것은 물리적으로 불가능하다고 봅니다. 대륙은 해저 지형보다 가벼운 물질로 이루어져 있어요. 그러니 육교 역할을 하던 대륙이 바닷속으로 흔적 없이 사라진다는 것은 이치에 맞지 않습니다.”

호기심 Q&A

Q : 베게너의 대륙이동설에 동의하지 않던 사람들은 멀리 떨어져 있는 대륙에서 같은 화석이 발견되는 것을 어떻게 설명했나요?

A : 대륙이동설이 등장하기 전부터 다윈을 비롯한 많은 사람들은 대서양을 사이에 둔 아프리카와 남아메리카에 동일한 화석이 분포되어 있다는 것을 알았습니다. 사람들은 그렇게 멀리 떨어져 서식하던 동물들이 동일한 진화 과정을 갖는다는 것은 이치에 맞지 않는다고 생각했지요. 그래서 생겨난 것이 ‘육교설’입니다. 대륙을 잇는 육교가 있어 동물들의 교류가 있었다는 설정입니다. 그리고 그 육교는 대서양에 빠져서 사라졌을 것이라고 추측했지요. 당시 많은 사람들이 육교설에 공감했습니다. 그래서 베게너의 대륙이동설이 등장하자 대부분은 황당한 이야기로 받아들였습니다. 육교설은 단지 육교가 있다가 사라지면 되는 간단한 가설이었지만, 전 대륙이 이동했다는 베게너의 주장은 너무나 터무니없어 보였던 것입니다. 지금 생각하면 있지도 않은 육교에 대한 확신이 더 터무니없어 보이지만 말입니다.

많은 과학자들은 베게너 씨가 지질학자가 아니라는 이유로 대륙이동설의 타당성을 의심하고 있습니다. 그에 관해서는 어떻게 답변하시겠습니까?

"사람들은 옛날 사고방식을 버리는 것을 두려워합니다. 그들이 대륙이동설을 받아들이지 않는 것은 제가 지질학자가 아니어서가 아니라, 제 의견이 맞을 경우 그들이 쌓은 모든 지식을 버려야 하기 때문이죠. 그러나 낡은 생각은 10년을 버티지 못합니다. 새로운 이론을 받아들이기까지는 시간이 걸리겠지만 그것이 진실이라면 결국 받아들일 수밖에 없을 겁니다."

베게너 씨의 대륙이동설은 지구과학의 토대를 송두리째 흔드는 이론인 것만은 분명해 보입니다. 그 동안은 지구가 안정적이라고 믿어 왔는데 대륙이동설은 그 안정성을 완전히 뒤엎고 있으니까요. 베게너 씨의 이론이 완벽하게 입증된다면 지구과학의 역사는 다시 시작되어야 할 것입니다. 그게 언제쯤이 될지는 알 수 없으나, 머지않아 대륙이동설을 확실하게 증명해 줄 지구과학계의 뉴턴이 나타나길 기대합니다.

새로 나온 책

파브르의 『곤충기』

28년 만에 마침내 10권으로 완성!

프랑스의 곤충학자인 파브르가 지난 1879년에 제1권을 출간한 이래 꾸준히 펴낸 『곤충기』 시리즈의 마지막 책 제10권을 출간했다(1909년).

저자는 지구 구석구석 어디든지 살고 있으며, 그 수가 지구에 사는 모든 동물의 3/4을 차지하고 종류는 80만 종에 이르는 곤충에 대해 상세하고도 시적인 표현으로 묘사하고 있다. 또 곤충들의 먹이사냥과 종족번식 그리고 활동양식 등의 생활상을 정교하게 그려 놓았다.

각권의 내용을 살펴보면, 1권은 벌의 이야기를 담고 있고, 2 · 3 · 4권은 완전변태를 하는 곤충의 변태과정에서 초기의 유충과 후기의 유충을 비교하여 기본 체제가 변하는 과정(과변태)을 연구하고 있다. 5권은 다시 벌의 이야기를 다루고 후반부엔 매미와 사마귀에 대한 연구를 담고 있다. 6권은 여러 가지 꽁지벌레의 생활과 쇠똥구리에 대해, 7 · 8권은 깃털이, 도롱이벌레, 꿀벌, 파리 등 여러 곤충에 대해 설명하고 있으며, 9권과 10권은 각각 거미와 전갈의 생활, 쇠똥구리 등에 대해 기록해 놓았다.

베게너의 탐험 인생, 눈 덮인 대륙 속에 영원히 잠들다

과학자이자 탐험가였던 알프레드 베게너가 그가 살아 온 역동적인 삶 못지않게 용기 있는 죽음을 맞이했다. 1930년 베게너는 국제 과학 탐사대장으로서 그린란드 탐험에 나섰는데, 이것이 그에게는 네 번째 북극 탐험이자 마지막 탐사가 되었다.

탐사대의 임무는 위도 71도에 위치한 세 지대의 기후와 지질을 조사하는 것이었다. 탐험대원들이 머무르던 미드아이스 기지는 고도 3킬로미터의, 내륙에서 400킬로미터나 떨어져 있는 지점에 위치하고 있었다. 그런데 물품을 공급하던 모터 썰매가 고장 나는 바람에 베게너와 두 명의 탐사대원이 개썰매를 이용해 물품 공급에 나섰다. 당시 기온은 영하 65도로 살인적인 추위였다. 40일이라는 긴 시간을 달려 기지에 도착한 베게너와 탐사대원은 다음 날 다시 본부로 돌아가는 여정에 나섰다. 하지만 그것이 베게너의 마지막 여행길이 되었다.

베게너와 그와 동행했던 탐사대원 라스무스 빌룸젠은 본부로 돌아오지 못하고 실종되었고, 시신은 그 후 여름이 되어서야 발견되었다. 베게너의 나이 49세였다. 그리란드 탐사에 나서기에는 많은 나이라고 할 수 있었지만, 그의 탐험정신은 나이에 굴하지 않았다. 탐사기간 중 형에게 보낸 편지에는 다음과 같은 글귀가 적혀 있었다고 한다.

> 탐사생활은 불편한 점이 많습니다. 그렇지만 이런 어려움을 견뎌낼 수 있는 것은 이것이 누군가는 꼭 해야 할 일이기 때문입니다. …… 꼭 이루어야 할 임무가 점차 완성되고 있어서 다행이라고 생각합니다.

그의 탐험가적 기질과 과학자로서의 열정 그리고 강한 책임감을 엿볼 수 있는 대목이다. 너무 이른 나이에 생을 마감하여 많은 이들을 안타깝게 했지만, 그의 탐험정신과 과학에 대한 열정으로 이룬 지구과학계의 혁명은 오래도록 기억될 것으로 보인다.

알베르트 아인슈타인, 특수 상대성 이론 발표
뉴턴 물리학 무너지나

아인슈타인이 뉴턴의 절대 시간과 절대 공간의 개념을 뒤엎는 특수상대성 이론을 발표해 과학계의 지각변동을 예고하고 있다. 아인슈타인은 우주 어디에도 관찰자와 상관없는 '절대공간' 과 '절대시간' 이란 개념은 존재하지 않는다고 못 박았다. 시간과 공간은 관찰자에 의해 정의된다는 것이다. 이렇듯 아인슈타인의 특수 상대성 이론은 관찰자가 일정한 속도로 움직이는 관성계에서 시간과 공간의 새로운 개념을 제시한 것이다(1905년).

1868년에 발명한 '전기 투표 기록기' 로 최초의 특허를 받은 이래
특허만 1000건 넘게 받은 발명왕 토마스 엘바 에디슨! 그의 발명품이 한자리에 모였습니다.

"에디슨 발명품 박람회"

초기 발명품 주식상장 표시기를 비롯하여
다양한 전신기, 탄소전화기(1876년), 축음기(1877년),
백열전등(1879년), 영화 촬영기 · 영사기(1891년),
최근 발명한 에디슨 축전기까지……

지금 에디슨 발명품 박람회에 오시면
인류의 현재와 미래가 한눈에 보입니다.

에디슨과 그가 발명한 초기의 축음기(1877년)

에드윈 허블
우주의 팽창을 밝혀내다

1929년

- 페르미, 원자로 가동(1942년)
- 플레밍, 페니실린 발견(1945년)
- 유카와 히데키, 중간자 이론으로 노벨물리학상 수상(1949년)

우주, 그 끝은 어딘가

에드윈 허블, 세페이드 변광성 발견으로 안드로메다 위치 확인

법률가 출신의 천문학자 에드윈 허블(1889~1953년)이 10여 년에 걸친 끈질긴 관측 끝에 은하들이 점차 멀어지고 있음을 밝혀 세상을 놀라게 하였다. 허블은 은하들의 멀어짐이 곧 우주의 팽창을 의미한다고 결론 내리고 '우주 팽창설'을 제기했다.

세페이드 변광성 발표

지난 1920년 초 그는 윌슨산 천문대에서 100인치 구경의 망원경을 이용해 세페이드 변광성을 관측함으로써 안드로메다 성운까지의 거리를 측정한 바 있다. 우주 팽창설은 여기에서 출발하였다.

당시 허블은 안드로메다 성운을 관측하던 중에 전보다 밝게 빛나는 별을 발견하였고, 처음에는 신성을 발견한 것으로 생각했다고 한다. 하지만 밝아졌다 어두워지기를 반복하는 것을 보고 시간을 두고 자세히 관측한 결과 세페이드 변광성임을 알게 되었다는 것.

허블 우주망원경 발사 15주년을 기념하여 나사가 공개한 사진으로 허블 망원경이 촬영한 '소용돌이 은하'로 유명한 M51은하의 모습. (사진, 연합뉴스)

세페이드 변광성이란 빠르게 밝아졌다 어두워졌다를 반복하는, 노란색의 반지름이 태양의 100배 이상 되는 커다란 항성이다. 별의 밝기 변화는 매우 규칙적인데, 보통 빛이 변하는 주기가 길수록 밝은 별이다. 따라서 변광성의 변광 주기를 이용하면 별의 밝기를 측정하는 것은 물론, 이 밝기와 지구에서 보이는 겉보기 등급과의 차이를 계산해 지구에서 별까지의 거리를 알 수 있다. 허블은 바로 이 점에 착안해 지구에서 안드로메다 성운까지의 거리를 측정했다.

천문학계에서는 허블의 발견을 매우 의미 있는 일로 평가했다. 이제까지는 안드로메다 성운이 우리 은하에 속하는 가스와 먼지 덩어리인지, 아니면 또 다른 독립된 섬우주를 형성하고 있는 것인지에 관해 의견이 분분했기 때문이다.

'허블 법칙' 통해 우주 팽창 밝혀져

허블의 발견은 여기서 그치지 않았다. 그는 그 후 10여 년 동안 지속적인 관측의 결과로 '우주 팽창설' 을 제기했다. 아울러 은하들이 멀어지는 속도는 거리에 비례한다는 '허블 법칙' 을 발표하고, 이를 우주 팽창을 뒷받침하는 근거로 제시하였다. 즉 우리 은하계에서 멀리 떨어진 은하일수록 더욱 더 빨리 멀어진다는 것이다.

한편 허블을 추종하는 과학자들이 빠르게 증가하면서 우주의 팽창을 역으로 추적해가면 우주가 한 점에서 시작되어 지금에 이르렀음을 알 수 있을 거라는 주장도 나오고 있다. 그 중에서도 대표적인 이론이 '빅뱅론' 이다. 우주의 시작이 순간적인 대폭발로 이루어졌다는 빅뱅론은 많은 우주론 가운데 가장 타당성 있는 이론으로 받아들여지고 있다. 이로써 허블은 우주의 역사를 새로 썼다는 평을 받게 됐다.

이원철, 독수리자리의 에타별에 대한 새로운 발견

한국의 천문학자 이원철(1896~1963년)이 독수리자리의 에타별이 맥동변광성임을 밝혀 한국 최초의 이학박사가 되었다.

20세기에 들어서면서 천문학계에는 맥동설이 주창되었다. 이는 별의 크기가 수축 · 팽창하면서 밝기가 주기적으로 변하는 현상에 대한 이론이다. 별들은 태어나서 진화하는 동안 한 번 이상의 맥동현상을 일으키는데, 이때의 별을 맥동변광성이라고 한다. 이러한 변화는 별의 질량과 진화과정에 따라 표면의 대류층에서 일어나는 현상으로 짐작되지만 분명한 원인은 밝혀지지 않았다.

1926년, 박사학위 논문을 통해 독수리자리 에타별이 맥동변광성임을 밝혀낸 이원철은 논문 발표 이후 한국에서는 처음으로 개설되는 '일반인을 위한 과학강좌' 를 맡았다. 재미있는 사실은 언론에서 독수리자리 에타별을 '원철' 로 소개하면서 그가 독수리자리 에타별을 처음 발견한 것으로 오해하는 사람이 많다는 것이다. 아무튼 적지 않은 사람들이 참석한 그의 과학강좌는 과학의 대중적 확산에 상당히 공헌한 것으로 보인다.

타임머신 칼럼

아인슈타인의 실수를 인정하게 만든 허블법칙

최규홍 (연세대 천문우주학과 교수)

에드윈 허블, 그는 수많은 업적을 천문학계에 이루어 놓았다. 그러한 업적 중 가장 유명한 3가지를 꼽아 보라고 한다면 어떠한 것들이 있을까?

첫 번째 그의 업적을 설명하기 위해서는 '샤플리-커티스 논쟁'을 빼놓을 수 없다. 당시 국립 과학 아카데미에서 뜨거운 감자라고 불리던 이 논쟁은 윌슨 천문대의 샤플리와 릭 천문대의 커티스 사이에서 벌어진 성운에 대한 논쟁이다. 샤플리는 신비로운 성운들이 우리 은하계 내에 있는 가스 구름이라고 주장했던 반면, 커티스는 성운들은 그들 자체로서 매우 먼 거리에 있는 아주 규모가 큰 성운이라고 반박하였다.

이러한 뜨거운 논쟁 와중에 1917년 당시 세계 최대 규모인 윌슨산 100인치 망원경이 완공되기에 이른다. 허블은 이 망원경을 이용하여 안드로메다자리의 큰 성운 속에서 세페이드 변광성을 관측하였다.

관측결과 허블은 안드로메다 성운은 우리 은하의 일부분이 아니라 다른 은하의 하나이며 샤플리와 커티스의 주장이 모두 틀렸다는 것을 증명한다. 이러한 결과를 통해 우주의 거대한 규모가 서서히 드러나게 된다. 즉, 우주의 관측범위가 100만 광년으로부터 수십억 광년 이상으로 확대된 것이다. 이후 '샤플리-커티스 논쟁'은 더 이상 관심의 대상이 되지 않는다.

허블의 두 번째 대표적인 업적은 외부 은하의 형태를 목록화한 것이다. 그는 목록화를 통하여 타원 은하, 나선 은하, 막대나선 은하, 그리고 불규칙 은하로 그 형태를 각각 분류하였다. 만약 그가 아니었다면 현재 우리는 수많은 외부 은하들을 어떻게 분류하여 사용하고 있을까?

세 번째 업적은 이른바 '허블의 법칙'이다. 그는 1929년에 발표한 논문에서 적색편이 법칙을 기술하였다. 이는 외부 은하들이 서로 멀어지고 있으며, 그 후퇴속도(적색편이)가 은하들 사이의 거리에 비례한다는 이론이다. 즉, 우리의 우주가 전반적으로 팽창하고 있다는 이야기이다.

1917년 아인슈타인은 "우주는 팽창하지도 수축하지도 않는다"는 정적인 우주론을 주장한 바 있다. 중력장 안의 물질은 인력으로 인하여 서로 잡아당기기 때문에 수축하게 마련인데 우주가 정적으로 보이는 것에 착안하여 아인슈타인은 수축에 반발력을 주는 힘, 다시 말하면 우주상수를 채택하여 우주모델을 만들었다.

이후 러시아의 수학자 프리드만(1888~1925년)이 아인슈타인의 일반 상대론 방정식을 수학적으로 풀어 우주상수 없이도 우주가 팽창 혹은 수축할 수 있다는 연구결과를 발표했지만 아인슈타인은 이 논문을 철저하게 무시하였다.

1929년 허블이 은하의 후퇴속도를 관측한 후 '우주가 팽창한다'는 내용의 논문을 발표하자, 결국 아인슈타인은 1931년 베를린의 프러시아 아카데미에 보낸 편지를 통해 "내 생애 최대의 실수였다"라고 인정하며 우주상수 도입을 철회하였다.

그 후 1940년대 말부터 빅뱅이론과 정상우주론의 두 개 이론으로 큰 논쟁이 지속되었다. 그러나 1964년, 벨 연구소에 근무하던 독일 태생의 미국 물리학자 펜지어스와 윌슨이 1948년에 앨퍼와 허먼이 예언했던 우주 배경 복사를 발견한다. 이로써 빅뱅이론이 우주론의 정설로 받아들여지게 되고, 아인슈타인의 우주상수 도입도 자연스럽게 다시 고개를 들기 시작하였다.

집중 탐구

하늘의 은빛 지도, 별자리

국제천문연맹, 88개의 별자리 지정

고대로부터 인류는 하늘에 떠 있는 수많은 별의 위치와 움직임의 중요성에 대해 알고 있었다. 하지만 그 많은 별들을 하나하나 기억하기가 쉽지 않아 만들어진 것이 바로 별자리다. 밝은 별을 중심으로 천구를 몇 부분으로 나누어 놓으면 별의 위치를 정하기 쉬웠던 것이다. 그리고 민족 또는 나라마다 고유의 이름을 붙였다. 주로 동물이나 물건, 신화 속 인물의 이름이 이용되었다.

하지만 이처럼 지역과 나라마다 이름이나 별자리 경계가 달라 혼동이 생기고 불편한 일이 많았다. 이에 1922년 국제천문연맹에서는 88개 별자리(황도 12궁, 북반구 28개, 남반구 48개)를 확정 발표했다. 이미 알려진 별자리의 주요 별이 바뀌지 않는 범위에서 천구상의 경도와 위도에 평행인 선으로 경계를 정하였다고 한다. 이 가운데 우리나라에서 볼 수 있는 별자리는 67개이고, 그 가운데 12개는 일부만 볼 수 있다.

국제천문연맹이란

국제천문연맹(IAU, International Astronomical Union)은 국제학술연합회의의 하부조직으로 천문학자들의 학술교류와 각 분야의 연구 촉진을 위해 만들어진 단체이다. 제1차 세계대전 직후인 1919년 7월 벨기에의 브뤼셀에서 미국, 영국, 소련 등의 나라가 참가한 가운데 창립되었다. 기구로는 총회, 행정위원회, 사무국 등이 있으며 11개 과학 분과와 40여 개의 위원회가 있다. 1922년 제1차 총회가 이탈리아 로마에서 열린 이래 3년마다 각국을 순회하며 총회를 개최하고 있다.

우리나라에서 볼 수 있는 계절에 따른 별자리

사계절	봄	여름	가을	겨울
큰곰자리	사자자리	거문고자리	바다염소자리	황소자리
작은곰자리	작은사자자리	헤르쿨레스자리	페가수스자리	마차부자리
용자리	살쾡이자리	뱀주인자리	물병자리	오리온자리
카시오페이아자리	머리털자리	뱀자리	남쪽물고기자리	에리다누스자리
케페우스자리	육분의자리	전갈자리	조랑말자리	쌍둥이자리
기린자리	바다뱀자리	백조자리	도마뱀자리	토끼자리
	컵자리	독수리자리	안드로메다자리	큰개자리
	까마귀자리	돌고래자리	페르세우스자리	작은개자리
	목동자리	사수자리	고래자리	외뿔소자리
	사냥개자리	화살자리	양자리	게자리
	왕관자리	작은여우자리	삼각형자리	
	처녀자리	방패자리	물고기자리	
	천칭자리			

별자리의 유래 ① : 서양의 별자리

서양 최초의 별자리는 메소포타미아의 바빌로니아 인들이 만들었다. 이들은 BC 약 5000년 경 티그리스 강과 유프라테스 강 사이에서 가축을 키우며 살던 유목민으로 넓은 초원의 밤하늘에서 동물 모양으로 밝은 별들을 연결하였는데, 바로 여기에서 별자리가 시작되었다고 한다. 이들이 BC 3000년경에 만든 표석에는 태양과 행성이 지나는 길목인 황도 주위의 별자리 12개(양 · 황소 · 쌍둥이 · 게 · 사자 · 처녀 · 천칭 · 전갈 · 궁수 · 염소 · 물병 · 물고기자리 등)를 포함한 20여 개의 별자리가 기록되어 있다.

BC 3000년경 고대 이집트 역시 고유의 별자리를 가지고 있었는데, 이들은 43개의 별자리를 만들었다.

바빌로니아와 이집트의 천문학을 고대 그리스로 전해준 것은 당시 지중해를 중심으로 무역을 하던 페니키아 인들이었다. 이들에 의해 그리스로 전해진 별자리에는 케페우스 · 카시오페이아 · 안드로메다 · 페르세우스 · 큰곰 · 작은곰 등 그리스 신화 속의 신이나 영웅, 동물들의 이름이 더해졌다.

그 후 BC 150년경 히파르코스가 총 1,080개의 별들을 관측하고 그 중 850개의 별을 경도와 위도로 표시한 별 지도를 만드는 등 천체관측이 체계적으로 이루어졌다. 프톨레마이오스의 『알마게스트』(BC 2세기)는 이처럼 발전을 거듭하고 있던 그리스 천문학을 집대성한 책으로서, 여기에는 황도를 중심으로 12개, 그 북쪽의 21개, 남쪽의 15개 등 북반구의 별자리 48개가 실려 있다.

프톨레마이오스 이후 천문학이 도약하기까지는 많은 시간을 필요로 했다. 15세기에 이르자 먼 바다를 향한 항해가 활발히 이루어지면서 남반구의 별들도 관찰되기 시작했다. 공작새 · 날치자리 등 남위 50도 이남의 대부분 별자리가 이때 만들어졌다.

17세기에 들어서 망원경이 발명됨으로써 천문학은 또 한 번 비약적인 발전을 해, 종래의 밝은 별자리 사이에 있는 작은 별자리들, 작은 여우 · 작은 사자 · 방패 · 비둘기 · 남십자 등의 별자리가 새로이 만들어졌다.

별자리의 유래 ② : 동양의 별자리

동양에서는 중국의 삼황오제 중 복희씨가 하늘을 관측했다는 기록에 근거해 당시에 처음 별자리가 만들어졌을 것이라고 추측하고 있다.

BC 90년에 완성된 사마천의 『사기』에 따르면, 요순 임금 때 하늘을 관측했다고 하고 주나라(BC 1046~BC 771년) 초기에 만들어진 별자리의 이름이 기록되어 있지만, 유물로 확인된 것은 BC 5세기경에 만들어진 청동거울이 가장 오래된 것이다. 이 시기에 적도를 12등분하여 12차라 하고 적도 부근에 28개의 별자리를 만들어 28수라 부르는 체계가 처음 만들어졌다.

12차는 항성주기가 11.9년인 목성의 위치를 나타내는데, 목성이 매년 1차씩 서에서 동으로 움직이므로 1년 열두 달에 해당하는 특성을 따서 이름 지은 것이 많다. 공전주기가 27.3일인 달과 관계가 있는 28수는 황도 12궁처럼 유명한 성좌로 이루어져 있다. 달은 하루에 1수씩 움직이고 월초에 달이 태양보다 2수 동쪽에 있으므로 태음 · 태양력에서 계절을 알기 위해 사용되었다.

3세기경에는 중국의 진탁이 283궁(궁이란 별자리를 뜻한다) 1,464개의 별이 실려 있는 별

지도를 만들었다.

동양 별자리의 중심은 북극성이다. 고대 동양인들은 하늘의 세계와 땅의 세계를 똑같이 여겼다. 움직임이 없어 보이는 북극성을 하늘의 황제 옥황상제로 여기고 그 주위를 자미원(옥황상제가 사는 궁궐인 자미궁의 담, 자미원에 있는 별은 궁궐을 지키는 장군과 신하이다), 태미원(하늘나라 임금이 대신들과 나랏일을 상의하는 곳), 천시원(백성이 사는 도시 혹은 시장) 등 3원으로 구분했다. 3원에 있는 별들은 1년 내내 보이는 별인 주극성으로 현대 별자리와 거의 일치한다.

3원을 제외한 하늘은 28개의 영역으로 나누어 이를 28수라고 했다. 28수는 제후의 별에 해당하고, 그 주변에 있는 수많은 별자리들을 지배하는 것으로 알려졌다.

사이언스툰 우주팽창론을 이해하는 풍선 실험

호기심 Q&A

Q : 허블 망원경은 허블이 만들었나요?

A : 아닙니다. 허블 망원경은 미항공우주국(NASA)과 유럽우주국(ESA)이 공동으로 개발하여 쏘아올린 우주 망원경의 이름입니다. 우주 연구의 새 장을 연 에드윈 허블의 업적을 기념하기 위해 그의 이름을 붙인 것이지요. 허블 망원경은 1990년 4월 우주왕복선 디스커버리호에 실려 발사되었습니다. 지구에 설치된 고성능 망원경보다 50배 이상의 자세한 관측이 가능하기 때문에 우주에 관한 유용한 정보를 많이 보내주고 있습니다.

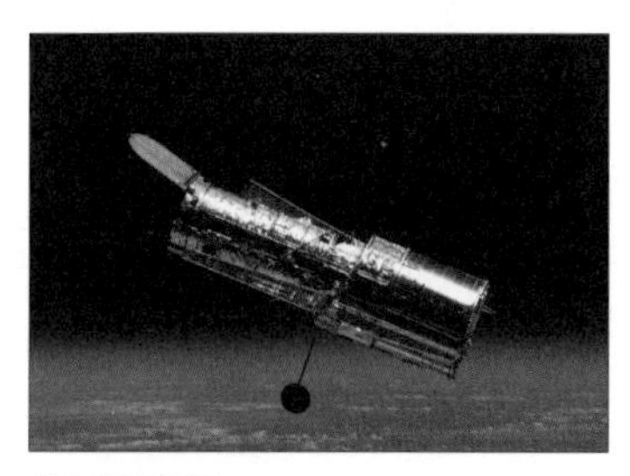
허블 우주망원경

모건

염색체의 유전자 발견

1933~1939년

- 미국의 피츠버그에서 세계 최초의 라디오 방송(1920년)
- 보엔, 마그마 분화설 제창(1922년)
- 우장춘, 피튜니아의 육종 합성에 성공(1930년)

모건, 유전자설 제창 염색체 지도로 나타내

다윈, 멘델보다 진화와 유전연구 한 단계 끌어올려 노벨생리 · 의학상 수상

미국의 생물학자 토마스 헌트 모건(1866~1945년)이 초파리를 이용하여 유전자의 활동을 규명해냈다. 2~3mm의 작은 곤충 초파리는 유전학 연구의 일등공신이라고 할 만큼 중요성을 인정받고 있다. 유전자가 단 네 쌍뿐인데다 알에서 성충이 되기까지 12일밖에 걸리지 않아 유전연구에 매우 유용하기 때문이다.

모건은 수많은 초파리 실험을 통해 생물의 유전형질을 나타내는 유전자가 쌍을 이루어 염색체에 배열되어 있음을 확인하고 이를 염색체 지도로 나타내는 데 성공했다.

이로써 모건은 다윈과 멘델로 이어지는 진화와 유전에 관한 연구를 한 단계 더 끌어올렸다는 평을 받고 있다.

모건은 "다윈의 진화론은 진화와 유전과정을 알 수 없는 불완전한 이론이며, 멘델의 유전법칙 역시 어떻게 유전이 이루어지는지에 대해 설명하지 못하고 있다"며 강하게 비판했었다. 그는 이러한 한계를 극복하기 위해 초파리 실험을 수차례 거듭하며 유전현상을 설명하는 데서 나아가 어떻게 유전이 이루어지는지에 주목했다. 결국 그는 유전에 관여하는 물질인 '유전자'의 존재를 확인하고, 유전이 염색체 위에 있는 유전자의 활동에 의해서 이루어짐을 밝혀냈다. 이것이 바로 모건의 '유전자설'이다.

모건은 유전학 연구의 공로를 인정받아 다윈 메달(1924년)에 이어 노벨 생리 · 의학상(1933년)을 수상했다.

염색체의 유전자 발견의 1등 공신 초파리

초파리와 같은 파리류 유충의 침샘염색체는 보통의 염색체에 비해 100~150배 정도 크기 때문에 '거대 염색체'라 불린다. 침샘의 세포핵 속에 있는 이 염색체는 2개씩 쌍을 이루며 길쭉한 모양을 하고 있는데, 거기에 일정한 순서로 배열되어 있는 가로 무늬는 유전자의 위치와 일치한다. 이 거대 염색체 덕분에 초파리의 염색체 지도를 완성할 수 있었던 것이다.

호기심 Q&A

Q : 염색체가 뭐예요?

A : 동물과 식물은 세포로 구성되어 있으며, 세포분열을 통해 성장과 생식을 합니다. 세포가 분열할 때는 세포 중심의 핵이 먼저 분열하는데, 이때 핵을 싸고 있는 핵막이 사라지면서 실 모양의 '염색체'라는 물질이 등장합니다. 이것은 유전자를 포함하고 있어 부모 형질의 유전이나 성을 결정하는 데 중요한 역할을 하지요. 염색체라는 이름은 약품에 염색이 잘 된다는 이유로 붙여진 것입니다. 염색체는 DNA와 단백질로 이루어진 생체 설계도라고 할 수 있습니다. 이것이 스스로 분열하면서 생명체를 만들어 가는 것이지요. 사람의 염색체는 46개(23쌍)입니다.

타임머신 칼럼

윗물이 맑아야 아랫물도 맑은 법

초파리 연구로 노벨생리·의학상을 수상한 토마스 모건은 한때 자신의 제자인 허먼 멀러의 논문을 표절했다는 구설수에 올랐다. 모건의 노벨생리·의학상 수상은 초파리를 이용한 유전현상 규명과 초파리의 염색체 지도 완성의 공로를 인정받았기 때문인데, 초파리의 유전자 지도는 그의 제자인 허먼 멀러가 완성했다는 것이다.

모건학파의 일원이었던 허먼 멀러는 초파리와 달맞이꽃 연구를 꾸준히 해왔고, X선에 의한 인공 돌연변이를 연구해 좋은 평가를 받았다. 멀러는 염색체 지도 완성의 업적은 스승에게 빼앗겼지만, 결국 X선에 의한 초파리의 인공 돌연변이를 일으키는 효소를 밝혀낸 공로로 1946년 노벨생리·의학상을 수상했다.

사실 이러한 일들은 과학계에서 심심찮게 제기되곤 하는 문제이다. 과학실험은 대부분이 팀을 구성해 이루어지기 때문에 제자들이 발견해낸 사실이 스승의 이름으로 발표되는 경우가 적지 않다. 그리고 그것이 세상의 주목을 받을 만한 성과였을 때는 많은 사람들의 관심을 받게 되고 그러면 스승이 제자의 공을 가로챈 것으로 알려지기 쉽다.

아무튼 멀러와 같이 노벨상을 거머쥘 만큼 저명한 팀원의 이야기는 이렇게라도 알려지지만, 그 외의 평범한 과학도들의 이름은 스승의 이름에 가려 소리 없이 묻히는 경우가 허다하다.

제자는 스승을 믿고 따르며 연구에 전념하고, 스승은 제자의 공로를 인정하여 세상에 널리 알린다면 스승과 제자 모두 이기는 게임이 될 것이다. 그러기 위해서는 윗물인 스승이 먼저 맑아져야 하지 않을까?

사이언스툰 초파리생 역전

제가 염색체 지도를 그릴 수 있었던 것은 모두 초파리들 덕분이죠. 그 중에서도 결정적인 동기가 된 것은 바로 흰눈 초파리였습니다. 정상적인 초파리의 눈은 붉은색인데, 흰눈 초파리는 돌연변이였던 것입니다.

흰눈 초파리와 붉은눈 초파리의 교배는 흥미로운 결과를 낳았습니다. 잡종 1세대에서는 모두 붉은눈 초파리가 나왔으나 잡종 2세대에서는 흰눈 초파리들이 생겼는데 재미있는 사실은 모두 수컷이라는 점이었죠. 여기에서 흰눈 돌연변이를 만들어내는 유전자가 초파리의 성을 수컷으로 결정하는 염색체(Y염색체) 위에 있다는 것을 밝혀내게 된 것이지요.

이 실험은 돌연변이와 염색체의 관계를 밝히는 연구의 시작이었습니다. 그리고 결국 초파리 염색체 위의 유전자들을 지도로 나타낼 수 있었던 거죠.

밀림의 괴수 킹콩, 뉴욕에 나타나다
초대형 블록버스터 영화 〈킹콩〉 대개봉!

1933년 영화계를 뒤흔들 〈킹콩〉
최첨단 특수기술의 결정체!
여러분은 이제 뉴욕의 밤하늘을 뒤흔들며 나타난
괴수 킹콩의 포로가 됩니다.

관객이 남긴 소감
"18미터나 되는 거대한 고릴라가 그렇게 따듯한 눈빛을 가졌다니, 정말 감동적이었어요."
"엠파이어스테이트 빌딩에 오른 킹콩의 모습은 잊지 못할 거예요.
어떻게 그런 장면을 만들어낼 수 있었을까요?"

웟슨 & 크릭

DNA 2중 나선구조 밝힘

1953년

- 모건, 유전자의 염색체설 확인(1926년)
- 플레밍, 페니실린 발견(1945년)
- 인공위성 발사(1957년)

DNA는 2중 나선으로 되어 있다

웟슨과 크릭, DNA 모형 발표
2중 나선구조로 밝혀지면서 분자 복제 설명 가능
생명과학에 혁명 일어날 듯

케임브리지 대학교 캐번디시 연구소의 제임스 웟슨(1928년~)과 프랜시스 크릭(1916~2004년)이 공동으로 인간의 DNA 구조를 밝히는 데 성공했다. DNA는 생명체의 핵심 정보를 담고 있는 유전자의 본체로서, 생명의 유전을 이끄는 물질이다. 유전은 바로 DNA가 복제되면서 일어나는 것.

유전자에 관한 연구는 그 동안 전 세계 유전학자들과 화학자들 사이에서 끊임없이 이루어져 왔지만, DNA를 분자 수준에서 명확하게 규명해낸 것은 이들이 처음이다.

두 개의 나선구조

왓슨과 크릭은 DNA의 구조를 밝히고 이를 모형으로 나타냈는데, DNA의 모형은 서로 결합된 두 개의 나선으로 이루어져 있다고 한다. 이번 연구결과로 인해 그동안 많은 학자들이 품어 왔던 분자 복제과정에 대한 의문이 속시원히 풀리게 됐다. DNA 분자는 언제나 세로로 길게 나뉘는데, 이때 서로 결합된 두 개의 나선이 분리되면서 각각 분리된 나선에 새로운 나선이 생겨난다는 것이다.

왓슨과 크릭이 발표한 이 모형은 그들의 이름을 따서 '왓슨-크릭 모형'으로 불리게 되었다. 이들의 연구는 생물학과 의학의 무한한 가능성을 제시한 것으로 평가되는 한편 생물학계과 의학계에 엄청난 혁명을 예고하고 있다.

인류 최초의 항생물질, 페니실린 발견!

20세기 최고의 의약품, '기적의 약'으로 불리는 페니실린을 발견한 세 명의 학자가 노벨 생리의학상을 공동 수상했다(1945년).

페니실린은 곰팡이의 일종인 페니실리움을 정제한 약인데, 페니실리움을 처음 발견한 사람은 영국의 세균학자 플레밍(1881~1955년)이었다. 그는 1929년 논문을 통해 이 사실을 발표하였으나 약으로 만들 만큼 충분한 양을 배양해내지는 못했다.

페니실린의 가능성을 깨닫고 1년여의 노력 끝에 정제된 결정을 얻는 데 성공한 이는 옥스퍼드 대학의 병리학자 플로리(1898~1968년)와 생화학자 체인(1906~1979년)이었다. 그들은 1940년에 몇 차례의 동물실험을 통해 페니실린이 세균을 죽이는 데 매우 효과적이라는 사실을 입증해냈다.

페니실린이 약으로 대량 생산된 것은 1944년으로, 때마침 2차 세계대전에서 부상당한 병사 4,000명의 생명을 구해내는 데 기여했다.

타임머신 칼럼

자유로운 두 사고의 융합이 불러온 생물학의 혁명

하영미 (연세대 기초과학연구소 전문연구원)

1950년대 DNA 2중 나선구조를 밝힘으로써 '20개의 아미노산으로 구성된 단백질이 유전물질일까, 4개의 염기로 이루어진 핵산이 유전물질일까?' 라는 논쟁을 종식시킨 웟슨과 크릭은 오늘날의 발전을 예상이나 했을까.

DNA 2중 나선구조가 밝혀진 이후 생물학은 폭발적인 발전을 거듭했고 인류의 생활에는 많은 변화가 찾아왔다. 인간 유전체 서열이 완전히 밝혀진 것은 물론이고 개인의 지문 분석은 DNA분석으로 대체됐으며, 단순한 관찰과 교배 수준을 벗어나지 못하던 유전학은 유전자 조작을 통하여 유전자 치료뿐 아니라 유전자 변형 동식물 등의 새로운 종을 만들어내는 신기원에 이르렀다.

과학사를 연구하는 호레이스 저드슨이 '천지창조의 8일째 되는 날' 이라 부르기까지 한 DNA 2중나선구조의 발견은 생물학자였던 웟슨과 물리학자인 크릭의 '의외의 만남' 에서 비롯된 과학계의 쾌거였다.

DNA에 대한 열정으로 전공분야의 한계를 두지 않았던 이 두 사람이 공동연구를 시작해 생물의 유전물질인 DNA 2중 나선구조를 밝히기까지 걸린 시간은 고작 3개월. 이에 한 동료는 그들의 만남을 가리켜 '1 더하기 1은 2가 아니라 10 이상이 될 수도 있다' 라고 평한 바 있다.

당시 DNA 2중 나선구조에 대한 정열이 이 두 사람에 못지않았을 뿐 아니라 몇 년간 DNA구조를 연구해오며,

왓슨과 크릭의 분석에 결정적인 기초자료를 쥐고 있던 사람이 로잘린드 프랭클린(1920~1958년)이다. 왓슨과 크릭 역시 그녀가 모든 자료를 가지고 있었으므로 하려고만 했다면 2중 나선구조를 밝히는 데 3개월도 걸리지 않았을 것이라 인정했다. 그런데도 기초자료도, 그 분야에서의 연구 경력도 충분치 않은 두 사람이 프랭클린을 앞지른 이유는 무엇일까.

어찌 보면 이들의 만남은 뜻밖의 일이 아니었는지도 모른다. 둘은 전공분야라는 한계에 자신을 묶어 두지 않는 자유로운 사고의 과학자들이었다. 생물학자로서 왓슨은 물리학을 예의 주시하고 있었고, 물리학자인 크릭은 생물학과 화학을 넘나들고 있었다. 두 사람의 만남이 이루어질 수 있었던 것도 이들이 문제 해결을 위해 각자의 전문분야에 자신을 국한시키고 않고 자유로운 사고와 방법을 찾으려 했기 때문이 아닐까.

만약 두 사람이 자신의 영역에서만 문제의 답을 구하려 했다면 둘의 조우는 어쩌면 기억조차 할 수 없는 만남으로 끝났을 수도 있다. 반면 프랭클린이 이들을 앞서지 못한 까닭은 종종 눈앞에 두고도 보지 못하는 일이 생기듯이, 자신의 영역에만 한정되어 결과를 바라본 탓일는지 모른다.

런던에서 발표된 인간의 DNA 구조 (사진, 연합뉴스)

스스로는 전혀 열을 발산하지 않는 두 물질이 만나 폭발적인 화학반응을 일으키는 것처럼 과학에서도 종종 서로 다른 영역의 결합에서 새로운 관점과 비전이 만들어지고, 그리하여 폭발적인 발전이 이루어지는 것 같다.

명사 인터뷰

웟슨 & 크릭, 생명의 신비를 풀어내다

생명의 설계도라 불리는 DNA, 마침내 DNA 신비를 풀어낸 이야기를 윗슨과 크릭을 통해 직접 들어 보자.

축하드립니다. 두 분께서는 DNA 구조를 공동으로 규명하셨는데, 연구분야도 다른 두 분이 파트너가 된 특별한 이유가 있었습니까?

(웟슨) "별다른 이유는 없고 같은 연구실을 쓰게 된 것이 계기가 되었지요. 사실 우리는 성질이 못되고 수다스럽기로 악명이 높아서 거의 격리된 거나 다름없어요."

(크릭) "우리는 DNA에 생명의 비밀이 담겨 있다는 데 의견을 같이했어요. 하지만 그것 이외에는 공통점이 거의 없지요. 그래서 더 좋은 파트너가 될 수 있었는지도 모르지만요."

그런데 그 DNA란 무엇입니까?

(크릭) "참 쉽고도 어려운 질문이군요. DNA란 '디옥시리보 핵산'의 줄임말입니다. 핵산이란 '핵 속에 존재하는 산성을 띠는 유기화합물'이지요. 이것은 모든 생물의 세포핵 속에 존재합니다. 그리고 핵산에는 DNA와 RNA 두 가지가 있습니다."

(웟슨) "핵산은 '뉴클레오티드'라는 단위물질로 이루어져 있습니다. 마치 생물의 조직이 세포로 이루어진 것처럼 말이죠."

(크릭) "나아가 DNA를 구성하고 있는 뉴클레오티드는 세 가지로 이루어져 있습니다. 염기, 탄수화물의 일종인 디옥시리보오스, 그리고 인산이지요. 이 세 가지가 연결되어서 뉴클레오티드를 이루고 있는 것입니다."

(웟슨) "염기에는 네 종류가 있는데, 아데닌(A), 구아닌(G), 시토신(C), 티민(T)이라고 불리는

것들이죠. 이 중 한 가지가 뉴클레오티드를 구성합니다. 또 염기의 종류에 따라 네 종류의 뉴클레오티드가 나오게 되고, 뉴클레오티드가 어떻게 배열되느냐에 따라 각기 다른 DNA가 나오는 거지요. 결국 어떤 조합이 이루어지는지에 따라 다양한 생물의 유전자가 만들어지게 됩니다. 바로 DNA를 구성하는 염기의 서열 때문에 말입니다."

아하, 그래서 DNA의 염기 서열이 중요하게 부각되는 거군요.

(크릭) "그렇습니다. DNA의 염기 서열을 밝히는 것이 유전 규명 작업의 핵심이라 할 수 있습니다. DNA는 꼬아 놓은 사다리 모양인데, 그 때문에 '2중 나선구조' 라고 부르지요. DNA를 이루고 있는 뉴클레오티드 두 가닥이 서로 꼬여 있는 거죠. 사다리의 양쪽 다리는 디옥시리보오스와 인산이고, 그 둘을 연결하는 발판은 염기쌍이지요. 염기는 항상 쌍을 이루어서 배열되어 있습니다."

(웟슨) "어떻습니까? DNA에 관해서 이해가 되시나요?"

아직 생소하긴 하지만 자세한 설명을 듣고 보니 조금은 이해가 되었습니다. 눈에 보이지도 않는 세포 속의 DNA 구조를 이렇게 설계도로 밝혀내시다니, 정말 놀랍습니다.

P : 인산
S : 디옥시리보오스
G : 구아닌
C : 시토신
A : 아데닌
T : 티민
G와 C, 그리고 A와 T가 항상 짝짓고 있는 것을 알 수 있다.

DNA 구조 발견의 숨은 공로자, 프랭클린을 기리며

왓슨, 크릭, 윌킨스 세 사람이 노벨 생리 · 의학상을 공동수상한 1962년, 수상자에서 빠진 한 사람 로잘린드 프랭클린의 이름을 잊지 말아야 한다는 목소리가 나오고 있다. 프랭클린은 윌킨스와 함께 DNA에 관한 공동 연구를 진행하며 X선을 통해 DNA 구조를 명확히 밝히는 데 기여한 바 있다. 하지만 경쟁관계에 있던 윌킨스와의 불화 때문에 본인의 의사와는 무관하게 왓슨과 크릭에게 DNA 사진이 노출됨으로써 그들의 발견에 결정적인 실마리를 제공했다는 후문. 여기에 여성이었기에 업적을 인정받기 불리했던 것도 사실이었다. 결국 그녀는 잦은 X선 노출로 발병한 것으로 추정되는 난소암으로 인해 조용히 세상을 떠나고 말았다(1958년).

이제 지구 밖으로 여행을!

유인 우주선 1호 발사에 성공

소련이 유인 우주선(사람이 탄 채 지구궤도 밖으로 나간 인공비행체)인 보스토크 1호 발사에 성공했다(1961년). 이 역사적인 사건의 주인공은 우주비행사 가가린. 그는 300킬로미터 상공에서 1시간 48분 동안 선회하다가 지구로 무사히 귀환했다. 소련은 앞으로도 계속될 보스토크 시리즈의 발사 계획은 인공위성, 우주 로켓의 발사 및 제어 기술 등을 개량하고 무중력 공간에서 인간의 생활을 연구하기 위한 것이라고 발표했다.

소련은 이에 앞서 지난 1957년 10월 4일 세계 최초의 인공위성 스푸트니크 1호를 발사한 바 있으며, 11월 3일에 발사한 스푸트니크 2호에 라이카라는 이름의 개를 태워 생물체의 첫 우주비행을 시도하기도 했으나 사람이 탄 우주선 발사는 이번이 처음이다.

의학의 발전에는 끝이 없다

세계 최초로 신장 이식수술에 성공

미국 보스턴의 해리슨과 머리가 세계 최초로 일란성 쌍둥이 형제의 신장 이식수술에 성공했다(1954년). 나아가 이들은 죽은 사람의 신장을 환자에게 이식하는 데도 성공함으로써 신장 환자들과 의학계가 열렬히 환영하고 있다.

이러한 수술이 가능하기까지는 수많은 공로자가 있었다. 19세기 후반 마취법과 멸균원리를 발견하고 개선시켜 외과분야의 비약적 발전을 일궈낸 의학자들이 바로 그들이다. 또 20세기 초 혈관을 이어 주는 혈관문합술의 발달 또한 이식수술의 가능성을 여는데 기여했다. 이식수술의 마지막 복병은 조직의 거부반응이었다. 혈액형이 다양하듯이 장기에도 여러 조직형태가 있다는 사실이 알려지면서 이를 해결하려는 연구가 활발히 이루어진 끝에, 1951년 마침내 면역 억제제가 발견됨으로써 이 문제가 해결되었다. 나아가 이제 장기를 줄 사람과 받을 사람의 조직형을 검사하여 조직형이 비슷한가에 따라 장기 이식의 성공 여부를 판단할 수 있게 되었다.

호기심 Q&A

Q : 핵산에는 DNA와 RNA가 있다는데, RNA는 어떤 역할을 하는 건가요?

A : RNA는 '리보핵산'이라고 부르기도 합니다. RNA 역시 DNA처럼 '뉴클레오티드'라는 단위물질로 이루어져 있으며, 이것이 어떻게 결합하느냐에 따라 여러 종류의 RNA가 나옵니다. RNA는 DNA의 유전정보를 전달하고 아미노산을 운반하는 역할을 합니다. RNA 역시 유전에 아주 중요한 역할을 하는 셈이지요. 생물의 유전형질은 단백질의 종류에 따라 달라지는데, 이 단백질의 종류는 그것을 구성하는 아미노산의 배열순서에 따라 달라집니다. DNA는 단백질의 아미노산 배열순서를 결정함으로써 유전형질을 발현시키는 역할을 하는데, 이 과정에서 RNA가 DNA의 유전정보를 전달하고 아미노산을 운반하는 역할을 하는 것입니다.

거의 모든 생물의 유전자는 DNA인데, 예외적으로 식물에 기생하는 바이러스나 일부 동물성 바이러스, 그리고 세균성 바이러스는 RNA가 유전자 구실을 합니다.

줄기세포와 복제

복제양 돌리 탄생

1996년

- MS윈도와 월드와이드웹(www) 개발(1985년~)
- 미국 페르미 국립가속기연구소, 톱 쿼크 발견(1995년)
- '페르마의 마지막 정리', 약 360년 만에 증명(1995년)

체세포 복제, 전 세계 놀라움과 우려

복제양 돌리의 탄생, 인간 복제로 이어지려나 우려 속에 찬반 논란 후끈

지난 7월 5일 영국 에든버러에 있는 로슬린 연구소에서 세계 최초로 복제양이 탄생했다(1996년). 이 날 태어난 새끼 양은 6년생 암양의 유전 세포에서 복제되었는데, 그 때문에 젖가슴이 큰 것으로 유명한 미국 컨트리 가수 돌리 파턴의 이름을 따 '돌리'라고 이름 붙였다.

로슬린 연구소는 제2차 세계대전 중에 혹심한 식량난을 겪은 영국이 유전학을 응용해 식량을 증산할 목적으로 설립한 유전학 연구의 핵심적인 기관이다.

최초의 복제양 '돌리' (사진, 연합뉴스)

복제를 성공시킨 주역은 이 연구소의 이언 윌머트 소장과 키스 캠벨. 이들은 20년의 연구 끝에 소설에나 나올 법한 체세포 복제에 성공함으로써 전 세계 언론의 조명을 받게 되었다.

수정란 복제에 성공한 과학자들은 이전에도 많았다. 1938년 독일의 슈페만이 개구리를 복제한 이후 계속해서 여러 동물들이 복제되었다. 수정란을 분할해 복제하는 이 방법은 인위적으로 쌍둥이를 만드는 방식이다.

하지만 이미 분화가 일어난 태아나 성체의 세포를 복제하는 실험은 수없이 많은 시도에도 불구하고 번번이 실패했다. 따라서 대부분의 과학자들은 체세포를 복제하는 일은 불가능한 것으로 여기고 있었다.

이 때문에 윌머트 소장이 이끄는 연구팀은 진정한 복제 기술을 이루었다는 평가를 받고 있고, 이들이 일궈낸 성과로 인해 유전공학의 발전과 질병 치료에 새로운 길이 열릴 것으로 기대되고 있다. 복제 동물이 유전병이나 난치병 연구, 새로운 의약품 생산은 물론 장기이식에도 활용될 것으로 전망하기 때문이다.

그러나 종교계를 비롯한 생명 윤리론자들은 복제는 명백히 생명을 파괴하는 행위라며 비난하고 있다. 이들은 복제가 과학만의 문제가 아니라며 복제 연구가 '판도라의 상자'가 될 것이라고 경고하였다. 복제 연구가 인류에게 축복이 될 것인지, 심각한 재앙이 될지 알 수 없는 가운데 돌리 탄생으로 인한 논쟁은 앞으로도 계속될 전망이다.

호기심 Q&A

Q : 복제 연구에 관한 이야기가 나올 때 자주 거론되는 것이 '줄기세포'인데요, 줄기세포가 뭐예요? 세포에도 줄기가 있나요?

A : 줄기세포는 아직 역할을 결정하지 않은 상태의 세포를 말합니다. 따라서 무엇으로든 분화될 수 있는 능력을 지니고 있습니다. 여건에 따라 신경세포가 될 수도 있고 근육세포가 될 수도 있는 것이죠.

우리 몸의 많은 세포들은 처음에는 하나의 세포에서 출발합니다. 바로 정자와 난자가 만나서 하나로 이루어진 '수정란'입니다. 수정란은 시간이 지나면서 분열을 하고 세포수를 늘려 가는데, 이렇게 숫자가 많아진 세포를 '배아'라고 합니다. 보통 줄기세포는 바로 이 배아에서 얻어내죠. 그래서 '배아 줄기세포'라고도 한답니다. 수정된 후 4~5일 정도가 지나면 배아에서 줄기세포를 얻을 수 있습니다.

줄기세포 상태를 지나면 세포들은 각기 역할이 정해지게 됩니다. 예를 들어 신경세포는 배아의 바깥 부분에서 만들어집니다. 우리 몸을 이루고 있는 모든 기관들이 그런 식으로 만들어지는 겁니다.

타임머신 칼럼

유전자 조작으로 보는 인류의 미래, 찬성과 반대

인류는 오랫동안 자연을 탐구하고 자연의 법칙을 발견하는 데 심혈을 기울여 왔다. 셀 수 없을 정도로 많은 과학자들이 이를 위해 일생을 바쳤고 그 결과 많은 해답이 밝혀졌다. 하지만 DNA에 대한 연구는 다르다. 이 역시 자연 탐구에서 시작되었지만 결국에는 자연에 개입하는 문제로 발전했다.

각종 동물들의 복제 생산이 성공을 거두고 인간 복제에 관한 문제가 대두되면서 이 연구는 사람들을 더욱 혼란스럽게 만들고 있다. 동물 복제의 성공은 곧 인간 복제 가능성을 암시하기 때문이다. 실제로 인간의 체세포를 이용한 배아 복제 연구는 이미 진행되고 있다.

처음에는 복제 기술의 발견이 인류에게 안겨다 줄 획기적인 이점에 대해 사람들은 많은 기대를 했다. 유전자 조작을 통해 식량 부족이 해결될 수 있을 것이고 암이나 유전병 같은 질병들을 이겨내는 데에도 도움이 되리라 낙관했다.

하지만 그 반대의 상황도 충분히 상상할 수 있다. 전쟁에 사용할 목적으로 인류에게 파괴적인 박테리아를 개발한다면 우라늄 연구가 원자폭탄 개발로 이어진 것처럼 그것이 가져올 미래는 실로 무서운 것일 수 있다. 게다가 유전학 연구의 혜택을 입을 수 있는 사람은 한정될 것이라는 점도 무시할 수 없다. 엄청난 비용을 감당할 수 있는 부유한 사람들만이 그 혜택을 볼 소지가 높기 때문이다.

하지만 그보다 더 근본적인 문제가 도사리고 있다. 이 모든 것의 본질인

'자연 조작'이 과연 옳은 일일까? 이미 많은 과학자들이 유전자 조작 농산물의 유해성을 경고하고 있다. 이러한 욕심이 인류에게 어떤 영향을 미칠지 누구도 장담할 수 없다는 것이다. 나아가 유전자 조작으로 탄생한 동물과 식물에 이어 인간이 등장한다면 새로운 인류는 과연 지금의 인류, 즉 우리에게 어떤 존재가 될까? 우리는 우월한 그들의 지배를 받아야 하는 걸까? 또 인류가, 자연이 어떤 모습으로 얼마나 변해야 되는지는 누가 결정할 것인가?

유전자 변이에 대한 찬반양론은 예견된 것이었다. 과학자는 물론 철학자, 정치가들이 이미 뜨거운 논쟁을 벌이고 있다. 현재 많은 과학자들은 인간의 배아 복제연구는 인류의 건강을 위해 제한적으로 허용되어야 한다는 입장을 취하고 있다.

그러나 이에 맞서는 과학자들도 적지 않다. 생명윤리를 내세우는 과학자들과 종교계는 인간의 배아 역시 잠재적인 생명체이므로 복제 연구는 막아야 한다고 주장한다. 또한 이들은 배아 복제가 곧 인간 개체의 복제로 이어질 가능성을 안고 있는 만큼 허용되어서는 안 된다고 말한다. 바로 이러한 우려 때문에 복제 양 돌리가 탄생하자 세계 여러 나라와 각종 국제협력기구들은 서둘러 인간 개체 복제를 금지하는 법과 규약을 만들고 있다.

과학자와 철학자, 정치가들 사이에서 이처럼 뜨거운 논쟁이 벌어지고 있는 사이, 인류의 대부분을 차지하는 보통 사람들에게 이 문제는 혼란스럽기 이를 데 없다. 아직은 유전자 조작으로 인한 혜택도 부작용도 경험하지 못한 우리로서는 이 문제가 어디까지나 과학자들의 몫이라고 생각할 수도 있다.

그러나 생명 복제는 과학계나 의학계만의 문제가 아니다. 인류의 미래를 좌우할 수 있는 아주 중요한 숙제이다. 그러므로 모든 사람들이 생명 복제와 그와 관련된 연구, 정책에 끊임없이 관심을 기울이고 감시해야 한다. 그것은 다름 아닌 나와 내 가족의 미래를 위한 결정이기 때문이다.

명사 인터뷰

"복제 연구로 생명 구하길 바란다"

전 세계를 뜨겁게 달군 복제양 돌리. 그 역사적 사건의 주인공 이언 윌머트를 만나 돌리의 탄생과정과 체세포 복제의 원리, 그리고 그 의미에 대해 들어 보았다.

복제양 돌리의 탄생으로 전 세계가 흥분하고 있습니다. 일단 돌리가 무사히 태어나게 된 것을 축하드립니다. 돌리는 언제 어디에서 태어났습니까?

"1996년 7월 5일에 스코틀랜드에서 태어났습니다. 로슬린 연구소의 키스 캠벨 박사를 비롯하

① 먼저 돌리에게 체세포를 제공한 '어미 돌리(A)'의 젖샘에서 체세포를 떼내어, 그 안에 있는 핵을 빼냅니다. 이 핵 속에 어미 돌리의 유전자가 들어 있습니다.
② 또 다른 양(B)에게서 난자를 채취한 뒤, 난자에서 핵을 제거합니다.
③ 핵을 제거한 ②의 난자에 ①의 핵을 넣어서 새로운 복제 수정란을 만듭니다.
④ 복제 수정란이 세포분열을 하면서 어느 정도 자라면, 또 다른 양(C)의 자궁에 이식해 넣습니다. 이렇게 자

여 많은 연구원들의 노력으로 이루어낸 성과였지요."

돌리는 체세포 복제를 통해 태어났다고 하는데요, 체세포 복제는 기존의 생식세포 복제 기술과 무엇이 다른가요?

"기존의 생식세포 복제는 앞으로 태어날 새끼를 여러 마리 복제해서 생산하는 기술이고 체세포 복제는 현재 살아 있는 생명체를 똑같이 만들어내는 기술입니다. 그래서 체세포 복제가 진정한 복제 기술이라고 할 수 있지요. 돌리가 어떤 과정을 통해 태어나게 되었는지 간단히 설명을 드리면 아래 그림과 같습니다."

박사님의 설명을 들으니 원리는 그리 복잡하지 않은 것 같은데요.

"복제 원리는 간단합니다만 실제로 성공하기란 여간 어렵지 않지요. 생명이 태어나는 일은 무척

궁을 빌려 주는 동물(C)을 '대리모'라고 합니다.

⑤ 복제 수정란이 대리모의 자궁 속에서 약 150일을 자란 후 어미 돌리와 똑같은 복제양 돌리가 태어나게 됩니다. 복제양 돌리는 어미 돌리와 유전자가 똑같습니다. 어미 돌리의 유전자가 들어 있는 체세포의 핵으로 복제 수정란을 만들었기 때문이지요.

정교하고 복잡한 과정이거든요. 셀 수 없을 만큼 많은 실험을 거듭한다 해도 성공을 보장할 수 없는 것이 바로 복제 실험이랍니다. 아무튼 1997년에 복제양 돌리가 태어난 후에 세계 각국에서 생쥐, 소 등의 체세포 복제가 이어지고 있습니다."

돌리는 체세포 복제로 태어난 최초의 사례라는 점에서 매우 의의가 높습니다만, 종교계를 비롯해 생명윤리를 주장하는 사람들의 반대가 거세게 일고 있는데요…….

"체세포 복제가 생명윤리에 어긋난다는 주장은 어느 단계부터 생명으로 보느냐에 따라 달라지는 문제입니다. 복제를 찬성하는 이들은 수정란을 생명이 아닌 세포로 보는 입장이고, 생명윤리를 주장하는 사람들은 수정란부터 생명으로 보는 것이지요. 하지만 어느 기준이 옳은지에 대한 판단에 앞서 복제 연구를 통해서 생명을 구하기를 바란다는 말씀을 드리고 싶습니다. 제가 인류를 위해서 기여할 수 있게 된다면 복제를 반대하는 사람들과의 입장 차이를 좁힐 수 있을 거라고 생각합니다."

호기심 Q&A

Q : 줄기세포는 오직 배아에서만 얻을 수 있는 거예요?

A : 그렇지는 않습니다. 수정란에서 배아가 될 때 만들어지는 '배아 줄기세포'도 있지만, 우리 몸이 다 형성된 후에도 우리 몸 곳곳에 숨어 있는 줄기세포가 있습니다. 이것을 '성체 줄기세포'라고 하는데, 몸 곳곳에서 세포를 유지하고 손상된 세포가 있으면 치료하는 역할을 합니다.

우리 몸에서 성체 줄기세포를 가지고 있는 기관으로는 뇌, 골수, 말초혈액, 혈관, 근육, 피부와 간 등이 있습니다. 이처럼 줄기세포는 생명체가 만들어질 때도, 그 생명체가 생명을 유지하는 데도 매우 중요한 역할을 합니다.

Q : 그럼 생식세포 복제는 어떻게 하는 것인가요?

A : 세포에는 생식세포와 체세포, 두 가지가 있습니다. 생식세포는 정자와 난자처럼 새로운 생명을 만들어내는 기능을 하는 세포이고, 생식세포를 제외한 우리 몸을 이루는 세포는 모두 체세포지요. 돌리는 몸을 이루고 있는 체세포를 이용한 복제 기술에 의해 만들어진 반면, 생식세포 복제는 정자와 난자가 만나서 이루는 수정란을 이용하는 복제기술입니다. 그래서 '수정란 복제'라고도 하지요.

다시 말해 체세포 복제 기술은 현재 살아 있는 동물을 똑같이 복제해내는 기술이고, 생식세포 복제는 장차 태어날 새끼를 여러 마리로 복제하는 기술이랍니다. 생식세포 복제는 주로 품종이 좋은 동물을 한꺼번에 많이 생산하기 위해서 활용되지요.

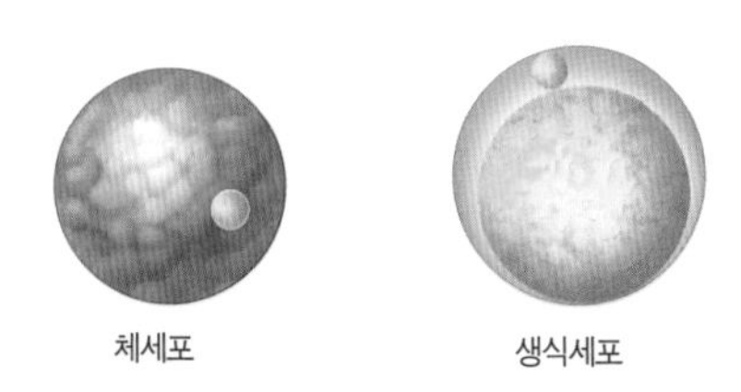

생식세포 복제는 다음과 같은 과정에 따라 이루어집니다.

① 정자와 난자가 만나 이루어진 수정란은 세포분열을 하는데, 수정란이 8개 정도의 세포로 분열한 배아가 되기를 기다려야 하지요.

② 수정란이 8배아가 되면 바깥쪽을 감싸고 있는 막을 녹여서 8개의 배아가 각각 분리되도록 합니다.

③ 한편 그와 동시에 다른 암컷의 난자를 채취해서 핵을 분리해냅니다.

④ 분리된 ②의 배아세포들을 ③의 난자와 결합시키면 8개의 새로운 복제 수정란이 만들어지죠.

⑤ 복제 수정란 ④를 대리모의 자궁에 착상시켜 생명체로 자라게 한 다음 태어나게 하는 겁니다. 그러면 8마리의 똑같은 새끼가 태어납니다.

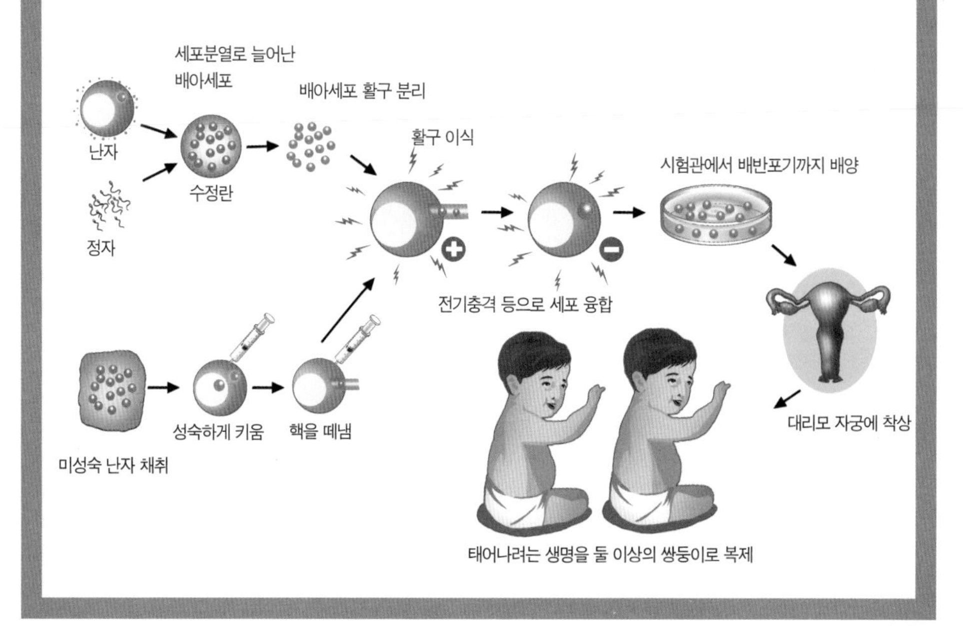

복제양 돌리, 급격한 노화 현상 나타나 연구팀 원인 규명에 나서

복제양 돌리가 태어난 지 3년 만에 급속한 노화현상을 보여 연구팀이 원인 규명에 나섰다. 돌리는 6년생 이상의 양에게서 나타나는 관절염과 류머티즘 등의 질환을 앓고 있으며, 그 외에도 노화로 인한 질병들이 발견되고 있다.

연구팀 조사에 따르면 발병 원인은 유전자를 이루는 DNA의 길이 때문인 것으로 추정하고 있다. 정상적인 세포는 어느 정도 세포분열을 반복하고 나면 더 이상 세포분열을 하지 않고 죽어버린다. 즉 세포는 분열을 반복하면서 늙게 되고, 결국 분열을 멈추는 순간 죽게 되는 것이다. 세포가 분열을 반복하다 보면 세포 속에 있는 DNA의 길이가 점점 짧아진다. 그래서 늙은 세포일수록 DNA의 길이가 짧게 나타나는 것이다.

돌리의 유전자를 검사해 본 결과 늙은 양처럼 DNA가 축소되어 있는 것으로 드러났다. 이는 돌리가 늙은 세포를 가지고 태어난 것임을 말해 주는데, 어느 정도 노화가 진행된 양의 체세포를 복제한 것이 그 원인이다. 그러므로 돌리의 급속한 노화현상은 태어날 때부터 짧은 DNA를 복구하지 못했기 때문인 것으로 추측하고 있다.

노화로 인한 돌리의 폐질환이 심각해지자 연구팀은 결국 돌리를 안락사시키기로 결정했다. 돌리의 노화 현상은 예상치 못했던 복제 부작용 가운데 하나로 복제 타당성 논란에 또 다시 불을 붙일 것으로 예상된다.

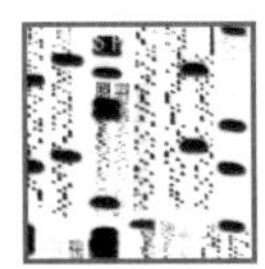

인간게놈 프로젝트

생명의 신비를 밝히는 열쇠

2003년

■ 명왕성, 행성 지위 박탈(2006년)

탄생에서부터 죽음까지 '인간 생명의 설계도' 완성

유전질환의 진단과 난치병 치료의 길 열려

미국 국립 인간게놈연구소는 2003년 4월, 인간의 유전자 암호 중 98%의 해독에 성공했음을 공식 발표했다. 이는 인간 게놈프로젝트가 시작된 지 무려 13년 만에 거둔 쾌거이다.

인간게놈 해독을 위한 경주는 지난 1990년 미국을 중심으로 프랑스 · 영국 · 일본 등 세계 15개국이 참여한 가운데 시작됐다. 인간 유전자 지도를 완전히 해독하여 인류의 공동재산으로 삼기 위한 취지였다. 이를 위해 1953년 DNA의 2중 나선구조를 밝혀 노벨생리 · 의학상을 수상한 제임스 웟슨 박사 등이 연구에 참여했으며, 총 30억 달러(한화 약 3조원)의 예산이 투입되어 인간게놈위원회가 만들어졌다. 결국 1990년부터 2005년까지, 5년 단위의 3단계에 걸쳐 인간게놈 전체의 염기서열을 밝히고자 한 당초의 계획이 2년이나 빨리 결실을 맺은 것.

유전자(gene)와 염색체(chromosome)의 합성어인 '게놈(genome)'은 세포가 가진 유전자 세트로, 생물이 생존하는 데 꼭 필요한 단위이다. 인간 세포 속의 세포핵에는 2중 나선형으로 꼬여 있는 23쌍(46개)의 염색체가 있다. 생물의 유전정보는 바로 염색체의 주성분인 DNA(디옥시리보핵산)라는 물질 속에 들어 있다. DNA는 A(아데닌), G(구아닌), C(시토신), T(티민) 등 4가지 염기의 다양한 조합(결합)으로 이루어져 있으며, 이들 조합순서에 따라 다양한 형질과 특징이 나타나게 된다. 따라서 게놈상의 염기 결합순서를 파악하면 생물의 유전정보와 그 비밀을 알아낼 수 있다.

인간게놈 지도의 완성이란 인간 세포 내의 DNA를 구성하는 30억 쌍의 염기서열을 밝혀내는 것을 의미한다. 인간 생명의 지도를 그려내는 일인 동시에 생명의 비밀을 하나하나 풀어 가는 과정이 곧 인간게놈 프로젝트의 내용이자 목표인 셈이다.

이 날 제임스 윗슨 박사는 인간게놈 지도의 완성을 공식 발표하면서 전 세계 과학자들에게 그 결과를 공개했다. 이번 연구를 통해 새롭게 밝혀진 사실들 중에는 의외의 결과들이 많았다. 그 동안 과학자들은 인간의 유전자가 적어도 3만개 이상일 것으로 추측해 왔다. 그러나 이번에 발표된 연구결과에 따르면 인간 유전자는 2만~2만 5천 개로, 초파리의 유전자 수의 2배 정도에 불과하다.

또 인간게놈 지도와 더불어 밝혀진 척추동물의 게놈지도를 분석해 보면 개가 쥐보다 유전학적으로 사람에 더 가까운 것으로 나타났다. 그리고 침팬지의 유전자는 인간과 99%까지 일치하는 것으로 드러났다. 단 1%의 유전자 차이가 인간과 침팬지를 가름한다는 뜻이다. 결국 유전자 지도에서의 1%는 절대적인 수치로서 크다, 작다를 판단할 수 없는 것으로 보인다. 같은 개체라 해도 결코 똑같지 않은 개개인의 유전자 지도가 의미를 지니는 것도 바로 그 때문이 아닐는지.

타임머신 칼럼

인간게놈 해독으로 유전병 치료에 새 역사 열리나

맞춤형 치료와 맞춤아기도 가능, 한편에서는 부작용 우려

13년에 걸친 연구 끝에 완성된 인간 게놈 지도가 인간의 질병 치료와 새로운 의약품 개발에 획기적인 전기를 제공할 것으로 보인다. 인간의 유전정보를 해독함에 따라 무려 4,000여 종에 이르는 불치병 · 난치병의 원인이 밝혀짐으로써 유전자의 교체 혹은 조작을 통한 유전자 치료의 길이 활짝 열릴 전망이기 때문이다. 예컨대 암과 심장병은 물론 전 세계적으로 골머리를 앓고 있는 알코올 중독이나 약물 중독, 정신질환 등의 치료에 있어서도 획기적인 방안이 나올 것으로 예상된다. 그 동안 중독성 질병의 원인은 상당 부분 유전적인 요인에 기인하는 것으로 밝혀져 왔다.

한편 인간게놈 프로젝트의 성공은 개인별 특성에 따른 맞춤형 치료라는 새로운 의학시대를 예고하고 있다. 전 세계 63억 인구 중 게놈지도가 똑같은 사람은 단 한 사람도 없다. 각 개인의 피부색과 키, 생긴 모습과 체질, 지능과 혈압, 건강 상태 등이 상세하게 나타나 있는 게놈지도는 결국 각 개인별 생로병사의 시간표로 봐도 무방하다. 갓 탄생한 아기의 유전자 지도를 진단함으로써 몇 살 때 어떤 병에 걸릴 것인지를 미리 파악하고, 나아가 그에 맞는 질병 예방법이나 치료법을 찾아내는 맞춤형 처방도 얼마든지 가능하다는 얘기다.

맞춤형 치료 가능성은 맞춤아기의 탄생과도 맥락을 같이한다. 잘못된 유전자를 바로잡을 수 있다는 것은 곧 원하는 유전자만 모아 맞춤아기를 만들어낼 수 있음을 의미하기 때문이다.

이런 이유로 유전정보의 해독이나 조작이 인간 삶에 적지 않은 해악을 가져오리라는 우려의 목소리 또한 높아지고 있다. 실제로 맞춤아기나 유전자 조작이 불러올 생명윤리적 측면에서의 논란, 유전정보의 악용, 사생활 침해, 사회적 차별 등 발생 가능한 문제는 셀 수 없이 많다. 이러한 문제점에 대한 논의가 활발해짐에 따라 1997년 11월에 열린 유네스코 총회에서는 '인간게놈과 인권에 관한 보편 선언' 을 발표하기도 했다. 인간 유전자 연구에서 잊지 말아야 할 윤리규정들을 국제적으로 공표한 것이다.

물론 인간게놈 지도의 완성은 아직 나아갈 길이 멀다. 인간 유전자가 어떻게 배열되어 있는지를 밝혀냈을 뿐, 각각의 기능에 대해서는 아직 규명해내지 못했기 때문이다. 따라서 그 전까지는 유전자 지도의 활용 범위는 극히 제한될 수밖에 없다.

장차 각 유전자의 성질과 기능마저 모두 밝혀내는 날엔 인류는 적지 않은 변화를 겪게 될 것임이 분명하다. 그 변화가 우리 삶의 질을 높이고 해악이 없는 방향으로 갈 수 있도록 통제하는 것이야말로 향후 인류가 풀어야 할 가장 큰 숙제이다.

DNA의 화려한 변신과 역할에는 경계가 없다!

인간게놈 지도가 완성되면서 바이오 산업이 급부상하고 있다. 물론 유전정보가 담긴 DNA는 다양한 모습으로 변신해 이미 산업 전 분야에서 활용되고 있다.

컴퓨터 반도체는 얼마나 작은 칩 속에 얼마나 많은 정보를 담을 수 있느냐가 관건이다. DNA의 경우 DNA 칩이 컴퓨터의 반도체에 해당된다. DNA 칩이란 사람의 유전자 정보를 고밀도로 담은 차세대 유전자 집적체다. DNA 칩에는 적은 양의 유전물질을 여러 개 붙여 동시에 많은 유전정보를 검색할 수 있도록 한다. 따라서 DNA 칩을 이용하면 짧은 시간 내에 여러 가지 병을 진단하고 예방할 수 있다.

DNA는 컴퓨터로의 변신도 가능하다. 최근 세포 속에 극소형 생물분자 컴퓨터를 투입해 암을 진단하고 치료하는 실험이 성공했다. 이 실험에 쓰인 컴퓨터가 바로 DNA 컴퓨

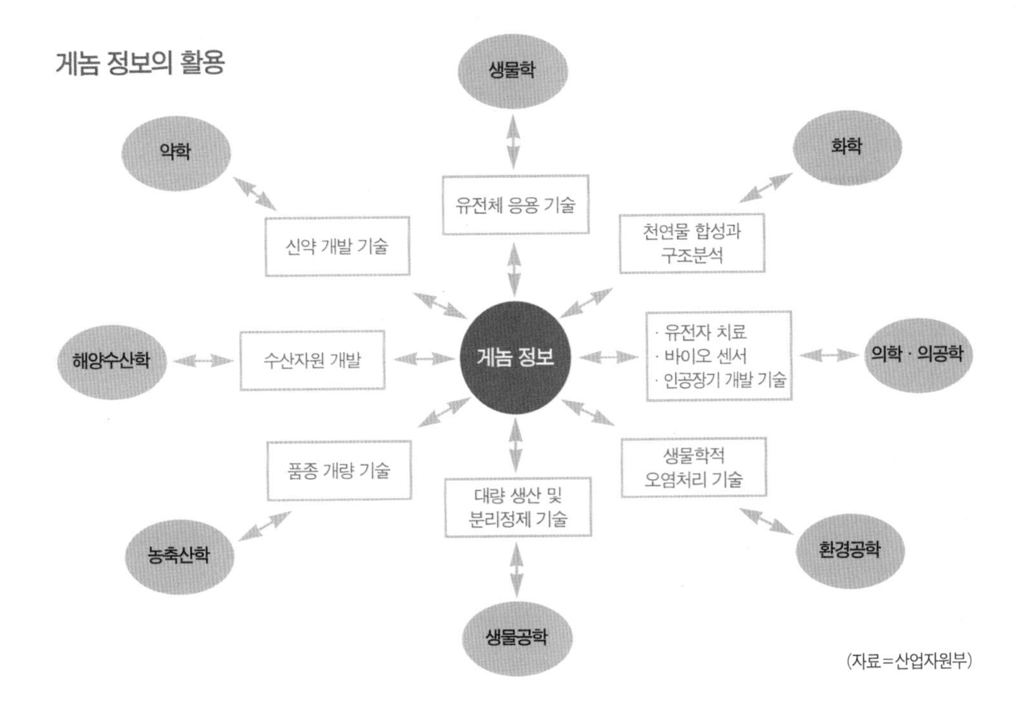

터다. DNA 컴퓨터는 DNA를 구성하는 네 가지 염기(A, T, C, G)로 구성되어 있으며 일반 컴퓨터에 비해 그 용량이 훨씬 크다. 덕분에 세포 속에 여러 가지 질병 유전자가 있더라도 DNA 컴퓨터 회로가 동시에 작동해 각 질병에 따른 치료약을 처방한다. 이런 DNA 컴퓨터가 상용화되는 시기가 오면 실험실에서의 조직검사 없이도 DNA 컴퓨터가 세포조직 내에서 유전자 발현 여부를 판단하고 병을 치료할 수 있게 된다.

DNA는 개인의 지문이 되기도 한다. 전 세계 63억 명 중에 DNA 구조가 일치하는 사람은 단 한 사람도 없다. 따라서 친자 확인이나 범죄수사에서도 DNA의 활약상은 매우 큰 기대를 받고 있다. 실제로 최근 서초동 영아 시체 유기사건의 해결사 또한 바로 DNA를 통한 친자 확인이었다.

1번 염색체 완전 해독, 치매 · 암 원인 규명 눈앞에

영국 생거연구소의 사이먼 그리고리 박사를 비롯한 미국과 영국 과학자 150명이 마침내 인간게놈 지도에 마지막 붓터치를 끝냈다.

2003년 인간게놈 중 약 90%가 해독된 뒤 진행되어 왔던 개별 염색체에 대한 보완작업이 1번 염색체를 끝으로 모두 마무리됨으로써 '생명의 책' 이라고 불리는 인간게놈 지도가 최종적으로 완성된 것이다(2006년). 2003년 웟슨과 크릭의 DNA 2중 나선구조의 논문 발표 50주년을 기념하며 인간게놈 지도의 완성을 공식 발표한 바 있지만, 사실상 10% 가량은 해독되지 못한 상태로 줄곧 보완작업을 해오고 있었던 것.

특히 23쌍의 염색체 중에서 다른 염색체의 2배 가량인 3,141개의 유전자를 가졌을 뿐만 아니라 수많은 질병과 관련된 1번 염색체의 해독은 사실상 인간 유전자 지도의 완성을 의미하는 것으로 간주되어 왔다. 실제로 1번 염색체와 관련된 질병은 치매, 파킨슨병, 자폐증, 암, 정신지체증후군 등 350여 가지에 이르며, 금번 작업으로 인해 이 질병들에 대한 밝혀지지 않았던 정보와 함께 신약 개발을 위한 기본정보들이 파악될 것으로 예상된다.

명왕성, 행성 지위 박탈

'소행성 134340' 이라는 새 이름 얻어

국제천문연맹은 많은 논란 끝에 2006년 8월 24일 명왕성을 행성에서 제외시켰다. 명왕성이 처음 발견된 것은 1930년의 일이다. 해왕성이 처음 발견될 때와 마찬가지로 해왕성의 운동이 뉴턴의 법칙에 맞지 않아 그 바깥에 또 다른 행성이 있다는 추측이 나오던 가운데, 미국 로웰천문대의 톰보가 이를 발견하여 '명왕성' 이라 이름 붙였다.

하지만 수십 년 전부터 명왕성은 행성이 아니라는 주장이 꾸준히 제기되어 왔다. 명왕성의 지름은 약 2,300킬로미터로 지구의 6분의 1 정도이며, 태양계에 있는 위성 가운데 명왕성보다 큰 것이 7개나 된다. 이것이 이번 국제천문연맹에서는 명왕성을 행성에서 제외시킨 첫 번째 이유이다. 다른 행성들에 비해 너무 작다는 말이다.

두 번째 이유는 명왕성이 다른 행성과는 다른 물리적 특성을 가진다는 점이다. 태양계의 행성은 일반적으로 표면이 지구처럼 딱딱한 '지구형 행성' 과 목성처럼 가스로 되어 있는 '목성형 행성' 으로 나눈다. 태양에서 가까운 수성 · 금성 · 화성은 지구형 행성이고, 보다 먼 목성 · 토성 · 천왕성 · 해왕성은 목성형 행성이다. 그런데 명왕성은 그 어디에도 속하지 않는다. 명왕성은 혜성의 핵과 비슷한 구성을 갖고 있는데, 1951년 미국의 천문학자인 카이퍼는 명왕성 밖에 이러한 소천체들이 수없이 분포한다고 주장하였다. 그 후 이와 비슷한 천체들이 200여 개나 발견되자, 천문학자들은 이들을 '카이퍼 벨트' 로 묶어 분류했다.

명왕성이 행성에서 제외된 또 다른 결정적 이유는 명왕성이 자기 궤도 주변에서 지배적인 역할을 하지 못한다는 데 있다. 명왕성의 공전 궤도의 일부가 해왕성 궤도와 겹치는 것으로 보아 해왕성의 공전 구역 안에 있는 것으로 판단한 것이다.

나아가 명왕성은 왜소행성으로 분류되었다. 왜소행성은 다음 조건을 갖춘 천체를 말하는데, 명왕성이 왜소행성으로 분류된 데에는 세 번째 조건이 결정적인 역할을 했다.

① 태양 주변을 돈다.

② 구형에 가까운 모양을 유지할 수 있는 질량과 중력을 가진다.
③ 궤도 주변에서 지배적인 역할을 하지 못한다.
④ 위성이 아니다.
이에 국제소행성센터는 명왕성에게 '소행성 134340'이라는 새 이름을 부여했다.

소행성 134340에 대한 탐사

이제껏 명왕성을 탐사한 탐사선은 없다. 원래 태양계의 거의 끝까지 탐사할 계획으로 발사된 보이저 1호의 탐사 천체 목록에 명왕성이 포함되어 있었으나 예산 삭감과 관심 부족으로 인해 취소되었다. 명왕성을 처음으로 방문하게 될 탐사선은 지난 2006년 1월 19일에 발사된 NASA의 뉴호라이즌스 호가 될 듯하다. 뉴호라이즌스 호는 목성의 중력을 이용하여 2015년 7월 명왕성 아니, 소행성 134340에 도착할 예정이다.

호기심 Q&A

Q : 신문이나 언론에서는 게놈을 지놈이라고 하기도 하는데요. 그리고 최근에는 유전체라는 말도 사용하구요. 도대체 어떤 말이 맞는 건가요?

A : 인간게놈 프로젝트가 진행되면서 그 명칭과 관련해 종종 논의가 일어나곤 했지요. 게놈이란 독일식 발음에 따른 것입니다. 1920년 독일의 식물학자 빙클러(Winkler)가 처음 이 말을 사용했기 때문에, 자연스럽게 독일어식 발음을 따른 것이지요. 그런데 1990년 세계 15개국이 공동으로 인간게놈 프로젝트를 진행하면서 유전정보에 대한 주도권을 쥐게 된 미국을 비롯한 영어권에서 genome를 '지놈'이라 발음하기 시작했어요.

한 단어를 두고 표기나 발음에 혼선이 생기자 우리나라 정부 언론외래어심의 공동위원회는 '게놈'으로 표기를 통일할 것을 공식 발표했습니다. 그러던 중 대한의사협회가 국어학자들과 함께 의학용어를 우리말로 바꾸어 가는 과정에서 게놈 대신 '유전체'라는 말로 사용할 것을 제안했습니다.

유전체란 '유전자'와 '염색체'의 합성어입니다. 사실 게놈이나 지놈이나 처음 접하는 사람은 별도의 설명을 듣지 않고는 그 의미를 단번에 이해하기가 쉽지 않은 게 사실입니다. 반면 유전체라는 말은 단어 그 자체로도 의미와 기능을 어렴풋이나마 짐작할 수 있다는 장점이 있습니다. 그래서 최근 언론에서는 우리말 사랑의 차원을 떠나 의미와 정보의 원활한 전달 차원에서 유전체라는 말을 쓰곤 하지요.

〈과학신문〉이 참조한 책들

— 권석봉 외. 「과학문명사」. 서울:중앙대학교 출판부. 1993.

— J. D. 버날(김성연 외 역). 「과학의 역사」. 서울:한울. 1995.

— 허버트 버터필드 외(이정식 역). 「과학의 역사」. 서울:다문. 1993.

— 스티븐 에프 메이슨(박성래 역). 「과학의 역사」. 서울:까치. 1993.

— 나단 스필버그 외(이충호 역). 「우주를 뒤흔든 7가지 과학혁명」. 서울:새길. 1994.

— 손영운. 「청소년을 위한 서양과학사」. 서울:두리미디어. 2004.

— 존 허드슨 타이너(김은정 역). 「어둠과 무지를 몰아낸 백 명의 과학자」. 서울:미토. 2003.

— 사마키 타케오(윤명현 역). 「과학자의 진실, 그리고 뒷모습」. 서울:글담. 2001.

(*참고문헌은 단행본만 포함시켰으며, 그 중에서도 집필에 인용된 문헌만 포함시켰습니다.)